養老｜回鄉｜度假｜民宿

蓋自己的房子
這樣做

漂亮家居編輯部 著

Chapter 1 找地蓋屋必知通則Q&A

Chapter 2 找地蓋屋四大動機

Chapter 1

找地蓋屋必知通則 Q&A

找地蓋屋流程

找地蓋屋流程

起心動念想要開始買地蓋房時，很容易遭遇以下的問題：要去哪裡買地？如何起頭找資料？買完了地又該做什麼？什麼時候就可以找建築師了？本篇歸納買地蓋屋的 7 大階段，幫你迅速進入狀況。

花費時間	蓋屋前的準備 準備期		▶	找地買地 6 個月至 1 年以上	
	情報收集	**資金儲備**		**評估地緣需求**	
執行內容	利用網站、各報章雜誌蒐集房屋建造、土地情報等相關知識。	一般土地貸款最多只有 5～7 成，資金籌備需根據自己的年收入和儲蓄妥善規劃，且將蓋屋、室內裝修費用估算在內。		依自身需求，找尋適合的土地。評估的考量點有：地緣、交通通勤、社區機能、防盜、學區、未來是否從農等。	
可能花費	購買報章雜誌、相關書籍的費用。	土地貸款最多只有 5～7 成，購地資金至少需有四成自備款。			

使用資格申請	地質水土保持確認	申請建築執造

使用資格申請

都市計畫內建地,可透過網站、不動產經紀業者、報紙廣告尋找;農地可透過各地農會的農地銀行洽詢;法拍地則可透過法院公佈欄、法拍代辦業者網站與定期刊物查詢;國有土地釋出,可查詢國有財產局網站公告。

地質水土保持確認

例如必須要注意是否太偏遠?水管、電線是否拉得到。

平原區不要與鄰居分隔太遠,要注意防盜的問題。

臨海是否容易受到漲潮、颱風等天然危害。

山坡地要查清楚是否為土石流高危險區。

申請建築執造

找內政部核發「地政士證書」者處理買賣、過戶登記手續,程序約一個月。

1. 簽約、用印:準備身分證、印章、簽約金。

2. 貸款:準備土地登記謄本、地籍圖,貸款人薪資證明、所得稅扣繳憑單或營利事業登記證、理財存摺封面與最近一年交易記錄等。

3. 鑑界:請賣方委請地政事務所鑑界(NT.4,000元／筆)。

4. 交地、過戶:準備土地所有權狀正本、印鑑證明、買賣雙方身分證明、土地所有權狀、完稅證明(若為農地需檢附農地作農業使用證明),到地政事務所辦理過戶。

· **土地費用**	可參考各縣市公告地價估算費用,一般來說,公告地價約等於市價的 40%～80% 左右,但各地區有極大差異,建議多方詢價、比較。
· **仲介費**	目前土地仲介費大約以不超過土地價格的 6%為限,但各地方與不動產經紀人所需仲介費不一,建議多方比較。
· **地政士代辦費**	地政士執行業務費依委託代辦事項及各地定價不一:約 NT.7,000 ～ 12,000 元,有些地區完全由買方支付,宜蘭、屏東地區為買、賣雙方各付一半,其中簽約金約為:NT.2,000 元／筆;土地登記:約 NT.5,500 元／筆。
· **申請規費**	地政事務所登記規費:土地申報地價的千分之一 買賣印花稅:土地公告現值的千分之一。

花費時間	規劃設計圖 6 個月至 1 年以上			
應做計劃	找合適的建築師或營造商	與事務所會談	契約訂定	地質探查、鑑界
執行內容	可依自身需求，尋找 2 ～ 3 家分別詢價和設計，選擇最適合自己的建築師事務所。未簽約不會拿到設計圖，但有的建築師事務所只做設計，依設計圖或依個案酌收設計費，部分建築師事務所依照設計、監造、建照申請等服務，收取不同費用。	與建築師或營造商進行多次會談，完整傳達對房屋的需求和嚮往。	若是與建築師簽約，需確認是重點監造，還是派員駐點監造。	蓋屋前，建築師會到現場勘查，不論建築基地位於何處，均需請地政測量技師進行地界、地上物及高程（坡度）測量。

可能花費		
· 測量費		建築設計前需進行包含地界、地上物及高程（坡度）等土地測量，費用依人員、工時、機具及土地條件，收費不一。
· 地質鑽探費		若在建築前有必要確認地質狀況，需請專業的地質鑽探公司進行地質鑽探，費用依面積、鑽孔數、與施工難易度而不同，約數萬元。
· 指定建築線		房屋申請建造之前，需先向當地都市計畫相關主管單位申請指定建築線，依所臨道路之多寡費用不一，約為數萬元。
· 建築公會掛號		申請建照前，需先掛號送交當地建築公會審核，並預繳建築設計費的 7 成給公會，建照審核通過後退還，這筆費用需由起造人預先支付。
· 設計費		若只單純做設計而不含監造，各建築師事務所收費標準不一，有些依設計圖收費，但也有以整筆設計費計算，詳細費用，需洽詢各建築師事務所。
· 監造費		建築師酬金含設計、申請建照與重點監造（不派員駐點）費用，依不同地區收費標準不一，約為總工程款 5.5 ～ 11%，詳細收費標準，可參考中華民國全國建築師公會網站 www.naa.org.tw 的「建築師酬金標準」，或向各建築師事務所洽詢。

設計圖規劃	使用資格申請	地質水土保持確認	申請建造執照
進行來回設計修改，並確認最終圖面，並列出所需費用。確認後可開始著手申請建照。	申請建築執照前，農地持有人需拿到「無農舍證明」，並申請「農業用地作農業使用證明」。	山坡地申請建照前，須先請水保技師勘查，經水土保持計畫審查通過，核發水保證明才能使用。	建照申請流程屬各地方政府單行法規，可向各縣市政府建築管理單位查詢。過程約需 1～3 個月不等。

· **水土保持計劃**	審查費山坡地若超過一定面積，需提出水土保持計畫，通過審查才能申請建照。審查費標準，可參考行政院農業委員會水土保持局網站《水土保持計畫審查收費標準》。
· **山坡地開發利用**	回饋金提出水土保持計畫須繳交山坡地開發利用回饋金，費用依當地主管機關規定，以水土保持計畫開發面積乘以當期土地公告現值 6～12%不等。
· **申請規費**	依建築法第 28 條規定，直轄市、縣（市）（局）主管建築機關核發執照時，應依左列規定，向建築物之起造人或所有人收取規費或工本費： 一、建造執照及雜項執照：按建築物造價或雜項工作物造價收取千分之一以下之規費。如有變更設計時，應按變更部分收取千分之一以下之規費。 二、使用執照：收取執照工本費。 三、拆除執照：免費發給。NT.2,000 元／筆；土地登記：約 NT.5,500 元／筆。

花費時間	施工 6 個月至 1 年以上				
應做計劃	整地或拆除	補強地盤 （依需求而定）	基礎工事 （建築本體）	監工檢查	室內裝潢
執行內容	清除土地雜草、碎石，若原基地上有房屋，則另需拆除。地上物拆除，需先申請執照，若未申請而被舉發，將受罰，且需補申請。	若地盤為較鬆動區域，則需另外施作補強措施。	依木構造、RC（鋼筋混凝土）、SS（鋼構）、SRC（鋼骨鋼筋混凝土）、加強磚造等不同建築型式、結構、工法之不同，建築程序各異。	建築師在監造過程中會確認營建廠商是否按圖、依照既定程序與進度施工，並配合建築管理機關抽驗。	建築設計時即可將室內設計考慮進去，即使另找室內設計師規劃，最好能在設計階段與建築師協調，才能避免不必要的二次施工。

可能花費	**· 測量費**	收費標準不一，依施工的天數、人員、機具、清運等項目分別計費，不同地區及土地條件也會有差異。
	· 拆除費	收費標準不一，依施工天數、人員、機具、清運等項目分別計費，不同地區及土地條件也會有差異。
	· 營建費	依不同建築設計、建材、施工方法，費用不一，依工程進度分數期收費。

完工檢查 1 至 3 個月			入居 1 個月	
房屋建造完成	**完工檢查**	**使用執照申請**	**保存登記**	**入住**
若有需求，可申請房屋貸款做為營建資金的來源。	請建築師或其他第三者來檢查。	使用執照申請，屬地方政府單行法規，需備妥相關證明文件，向建築管理單位申請，過程包含現場會勘等程序，約 20 天左右。	辦理第一次房屋登記，需備妥門牌編定證明、房屋稅、繳納水電證明，因此須先申請門牌、正式水電，繳納水電費、房屋稅。此外，還需準備建物設籍之戶籍謄本、申請人身分證明（身分證影本、戶口名簿影本或戶籍謄本）。若建物所有權人非土地所有權人，則需檢附土地所有權人的同意書及印鑑證明。	清潔。

- **營建尾款支付**　依彼此簽訂的合約，給付工程尾款。
- **申請規費**　使用執照：依各地方政府規定繳交工本費。

- **申請規費**　保存登記：依照建物的權利價值，繳納登記費千分之二。
- **搬家費**　依搬家距離、車子承載容量，費用不一。

Part 1
找地選地

想要蓋自己的房子，最先要決定蓋在哪裡？土地要買多大？這些都會影響到後續住的品質。因此，買地之前先依自己的需求列出詳細清單，包括希望居住的區域、氣候、交通、學區等周遭環境條件，並詳細了解該區土地行情，才能將條件聚焦，買到最適合的蓋屋居住的土地。

重點筆記 Key Notes

1. 一般可透過親友、報章雜誌、網路來取得土地資訊。
2. 選地時，需依自身需求考量交通、生活機能、醫療區遠近、水電配線等條件。
3. 買地前，需先瞭解土地的地籍資料、使用分區及地質條件等，確認可合法申請建築執照再購買，以免造成買了卻不能蓋屋的窘境。

1.1 土地資訊來源

想要買地蓋屋，除了依地緣關係，透過親友介紹外，在資訊透明的現代，還可經由許多不同的管道獲得土地買賣的資訊。就像買房子一樣，買地也必須先做足功課，建議多看幾塊地甚至 10 塊地之後，再審慎選擇一塊適合自己蓋屋、居住的土地，這樣才不容易出問題。

Q01 我想要找地，可以從哪裡取得相關資訊呢？

現在的資訊透明公開，想買地，大多可透過以下管道得知土地訊息：

1. 親友介紹：可透過當地的親朋好友瞭解土地的相關訊息。

2. 分類廣告：報紙或房地產雜誌上會刊載相關的土地買賣廣告，有時在路邊也能看到。若是地主自行拋售的土地，有的會在路邊豎立賣地的小招牌，但這多半也已委交給仲介來處理。如果看到喜歡的地段，不妨打聽當地口碑較佳的仲介，比較容易找到待售的土地。

3. 土地仲介：建議選擇專業的不動產經濟業者介紹。透過專業的不動產經紀業者買地，雖需給付佣金，但可初步過濾產權、使用權有問題的土地，避免不必要的購地糾紛。

4. 不動產網站：土地價格、資訊等可從不動產相關網站得知。

5. 政府機關：如果想購買農地，除了可在台灣農地資訊服務網查詢之外，也可向各地農會詢問。想買法拍地者，可從法院公佈欄得知。另外也能在網路或是由法拍買賣業者所出版的專屬刊物等處獲得相關資訊。

快速認識土地資訊來源

不動產經紀業者

即所謂的「仲介」，可以將自己想要購買的土地條件列出，再全權委託不動產經濟業者尋覓適合蓋屋的土地。不動產經紀業者包括促成買賣雙方達成交易，提供關於房屋、土地的詳細資料，專業知識及服務，並進行居間仲介代理的「不動產仲介」；負責代理建設公司銷售其房屋或土地的「不動產代銷」，佣金為其主要收入來源；另外地政士（代書）與土地開發商也可以考取不動產經紀人的資格證照。

費用 抽成制。佣金金額可於交易前協商，一般為交易金額的 1～6% 不等。通常，知名品牌的連鎖仲介商，為買方支付交易金額的 2% 當仲介佣金、賣方出 4%；民間仲介人的佣金則較低廉，通常由買賣雙方各出交易金額的 1%。建議最好等簽約、成交後，再給付仲介酬金，或透過公正的第三者（銀行），進行「買賣價金保證」，意即將買地的錢存入銀行專戶，待拿到產權證明後，再透過銀行撥款給賣方會較有保障。

如何挑選 建議至「不動產經紀業資訊系統」查詢，只要輸入其姓名等相關資料，即可確認是否為合格的開業者，並能查詢出事務所名稱、證書字號、執照字號與執照有效期限等資料。另外，不動產經濟業者只是代為介紹土地，有些甚至只是代銷公司，不一定對土地十分瞭解，有時甚至會隱瞞土地的不良條件。建議詳加詢問土地的履歷、產權、與鄰地是否有糾紛、周遭的土地開發等情形，藉此確認不動產經紀業者是否了解土地狀況，避免造成事後糾紛。

攝影　蔡笠玲

農會

若想購買農地，賣方一般會將農地委託給當地的農、漁會農地銀行服務中心，簽定「農業用地專案委託買賣契約書」；簽訂後，相關農地待售資料便會刊登在農地銀行網站上。透過農地銀行網站，可以尋得符合需求的農地，並與刊登該農地待租物件的農、漁會聯繫，取得該農地詳細資料，並前往該農地現場查看。經農、漁會媒合、協調，有意購買者與賣方確認交易條件。

費用 無需收費，須自行和土地所有權人接洽。

土地開發商

一般來說，土地開發商有推出建案，也有土地買賣，建議尋找信譽良好的土地開發商。一般會先看是否為上市上櫃公司，大公司有品牌較不會為了利潤做出砸招牌的事，但也有例外。若為中小型建商，可透過歷年建案、網路資料、實地了解住戶評價等方式打聽該公司的消息。有些開發商會將山坡地或農地規劃成社區型態，這類社區型農地，是由建商買下大片農地或山坡地，略加整地後，再將大片土地分割成較小面積售出，可免去買地時會遇到的煩瑣法律問題。若有意願購買，還是先參觀對方過去規劃過的社區，或找已經向該公司購地蓋屋的屋主，了解對方的信用。

費用 買賣土地於簽約完成並登記名下後，即給付土地仲介費，其金額視土地總價高低、和取得土地的難易度而定，雙方可於事前合議後訂定合約。一般來說，可參考不動產經紀業者1～6%之間的佣金標準。除買賣土地之外，如有其它建築工程，以及介紹營造商、結構技師和建築師等專業人士的諮詢服務等，則費用另計。

如何挑選 較有規模而正派經營的土地開發商，都會根據相關規定，合法開發土地，且從土地買賣到房屋建造都能提供一條龍的服務，對於產權和土地的使用類別都非常的清楚，較不會有違規而誆騙顧客的問題。

法拍地

可透過法院公布欄、銀行拍賣公告、專門從事法拍買賣的公司網站和定期刊物取得資訊。一般來說，雖然法拍地價格可能較便宜，但容易有遺留下來的法律問題待解決，例如產權的複雜性、地上物的使用權或租賃關係未清等等的權利都必須先行釐清，且可能有額外的費用發生，因此最好先評估自己是否有能力處理這些棘手問題。若自己沒有時間或沒有處理過法拍地的經驗，可委託代辦公司處理。不過代辦業者良莠不齊，最好事先打聽清楚，找有口碑、信用好、正派經營的公司會比較有保障。

種類 法拍地可分為「可點交」與「不點交」，前者法院會確保土地或房屋的產權依司法程序交由得標者，具有法律的強制力，因此若地上物（如房屋）仍有人住在裡面，可透過執法人員強制搬離，得標者無須事後再與住戶協調，不會出現使用權、產權不清等問題；若法拍地公告為「拍定後不點交」，得標者需透過「談判點交」，與現住人（即占用人）協商交屋事宜；或是選擇「起訴點交」來委託律師提出告訴，請求返還房屋。所歷經的過程不僅費時費力，還會產生後續的處理費用。

費用 除了準備投標金，可能需支付稅費、代辦費等。法拍代辦公司沒有一定的收費標準，有的代辦公司酌收得標金額 3 ～ 7% 費用，但也有其它收費方式。此外，若法拍地未點交，或有地上物、租賃關係等問題需要處理，可能會需要請律師解決，會產生額外的必須支出。

如何挑選 在法院公告的網站可依需求篩選法拍地的條件，可選擇產權全部的土地，表示土地持份為全部持有；或選擇「拍定後點交」的法拍地，不會有使用權、產權的後續問題。另外，若有機會到現場看地，可注意是否還有地上物等需要整理，若有的話，也要考量後續的整理問題和費用的產生。由於法拍地要經過法院的拍賣，要經過冗長的標案流程，如果不想跑法院、想節省時間，可找專門代標法拍屋的業者辦理。

Q02 什麼是地籍謄本？申請謄本可以瞭解土地哪些事？

除了到現場親眼看地之外，如果有看中心儀的土地，想要確認是否可以蓋房子時，可以調閱土地的地籍謄本辨別。一般只要知道該地的地段，皆可向當地主管機關調閱謄本及地籍圖，例如台北市為都市發展局，宜蘭縣為建設處城鄉發展科。

地籍謄本可說是土地的身分證，會登記所有關於土地的資訊，包括地目、前次與當期地價標示、地目（土地的可使用用途）等。而買地蓋屋相關最需要檢視的項目是：「所有權人」「地目」、「使用分區」、「使用地類別」、「債權人」、「權狀字號」。所有權人、權狀字號，可以確認土地所有人是否為本人持有、或是偽造土地權狀，以防有不肖人士假冒地主擅自賣地。而地目、使用分區和使用地類別，則和蓋屋相關。若土地位於都市計畫區內，使用分區為「住宅區」、「商業區」才可興建一般住宅，除此之外都不可興建。

攝影__ Yvonne

買地前先調閱地籍謄本瞭解土地的使用分區和類別，確保此筆土地能夠蓋房。

土地登記第二類謄本

地籍謄本標示說明

＊＊＊＊＊ 土地標示部 ＊＊＊＊＊

登記日期：民國 00 年 00 月 00 日	登記原因：總登記
❶ 地目：建	面積：800 平方公尺
❷ 使用分區：山坡地保育區	❸ 使用地類別：丙種建築用地
民國 102 年 1 月公告土地現值 000 元／平方公尺	
其他登記事項：空白	

❶ **地目** 為日治時期當時的土地使用狀況。目前無法全然依照地目來判別能否蓋房。

❷ **使用分區** 為了使土地獲得更有效率的規劃，依照環境和用途分區。此範例的「使用分區」寫明為山坡地保育區，也就是俗稱的山坡地。但是，山坡地有很多種，包含了農地、林地，甚至是國有保護區；每種類別對開發的規範標準不同。若使用分區為「空白」，表示為都市計畫區之內的用地。

❸ **使用地類別** 界定土地的使用用途。可開發（含蓋屋）的丙種建地，其建蔽率與容積率則視所在地縣市政府的規定。

Q03 地政士（代書）介紹的土地，買賣是否更有保障？

依現行地政士法規定，地政士（代書）的業務範圍並不包含土地仲介，若私下從事不動產經紀業務（仲介），將因此受罰；但代書可以同時擁有幾份證照，只要考取不動產經紀人的資格證照，就可合法買賣土地，而且連帶後續的簽約、過戶等事宜都可直接處理，能夠提供完整的法律諮詢，較能充分保障客戶的權益。

Q04 國有土地是否可以購買？

國有土地釋出的訊息通常由國有財產局公開標售，一般人也可購買國有土地，但需依國有地購買程序進行，相關招標資訊，可上財政部國有財產署網站（www.fnp.gov.tw）查詢。要提醒的是，國有財產局只負責公告與標售，國有土地甚至不像法拍地有點交與不點交的分別，因此該筆土地是否有人占用？是否有租賃問題？買地的人必須自己打聽清楚，除非對這筆土地狀況非常了解，否則不建議一般人購買，因為風險會比法拍地更高。

Q05 同一筆土地是否會同時透過不同仲介買賣？

若沒有簽訂專任合約，同一筆土地，的確可透過不同的不動產經紀人買賣，因此買方可依據對自己有利的條件，選擇不同的不動產經紀人購買。

1.2 土地評估條件

對第一次買地的人來說，需要了解的法規多如牛毛。買地前，最好先將自己的需求列出詳細清單，包括希望居住的區域、氣候、交通、學區等周邊環境條件，以及可負擔的土地價格，然後再鎖定條件符合的地區，詳細了解該區土地行情，才能聚焦，買到最適合蓋屋、居住的土地。此外，必須了解該筆土地的地籍資料、使用分區，及地質條件等，確認可合法申請建築執照再購買。

Q01 如何挑選適合蓋房子的土地呢？

首先必須思考自己的需求而定。如果這塊地只是想蓋一般住家的話，則必需考量就業、就學、交通、日常生活所需的便利性，因此選地時多離不開城鎮或市區，相對購地金額也會比較高昂。若是想退休蓋個農舍，並有意從事農業耕作，則必須留意土地基地附近有無充裕的水源地、灌溉溝渠等，以及基地所屬的地質、氣候條件適不適合種植，另外還要確認對外是否有產業道路可出入。

選擇山坡地時，絕對要避開台灣
經常發生的地震區和土石流區。

Q02 什麼樣的土地千萬碰不得，甚至不能蓋房子？

基本上像是坡度陡峭、地質結構不良、地層破碎、活動斷層或順向坡有滑動之虞，或是河岸侵蝕或向源侵蝕有危及基地安全的土地，都不適合蓋房子。另外還有依法律規定不得建築者，像是都市計畫法或其他法律劃定並已開闢之公園、廣場、體育場、兒童遊戲場、河川、綠地、綠帶、道路用地及其他類似之空地等等。

Q03 土地的分類有哪些？哪些可以用來蓋房子？

台灣國土分爲三大種類，分別爲都市土地、非都市土地和國家公園土地。其中，國家公園土地是不能夠買賣的，因此買賣自地自建的土地時，會在都市土地和非都市土地 2 大分類中尋找，而兩者所遵循管制的法令和土地分類也不相同。

1. 都市計畫區

都市土地是指實施《都市計畫法》範圍內的土地，這些土地將作爲都市生活之經濟、交通、衛生、保安、國防、文教、康樂等重要設施，作有計畫之發展而使用規劃。都市土地大分類下，依照土地使用目的，劃分爲 10 種土地類別，主要使用分區爲商業區、住宅區、工業區、行政區、文教區、公共設施用地等。各類別的劃分、建蔽率和容積率，則依各縣市政府有不同的規定。若土地標示爲「住宅區」、「商業區」者，可興建一般住宅；若標示爲「農業區」或「保護區」即屬農業用地，依照農業發展使用條例可興建農舍。

住宅區、商業區、農業區用地的容積率和遮蔽率

類別	定義	建蔽率	容積率
住宅區	爲保護居住環境而劃定，其土地及建築物之使用，不得有礙居住之寧靜、安全及衛生。	60%	依各區域特性不同，分別訂定不同之容積率管制。切確容積率請查閱該地的的使用分區說明。
商業區	爲促進商業發展而劃定，其土地及建築物之使用，不得有礙商業之便利。	80%	
農業區	爲保持農業生產而劃定，除保持農業生產外，僅得申請興建農舍、農業產銷必要設施、休閒農業設施或農村再生相關公共設施。	農業產銷必要設施：<60% 休閒農業設施：<20%	180%

2. 非都市計畫區

簡單來說，非都市土地就是都市計畫範圍外的土地，其遵循的法令爲《區域計畫法》。都市計畫外的土地會先劃分使用分區，再編定使用地類別。分區包括特定農業、一般農業、工業、鄉村、森林、山坡地保育、風景、國家公園、河川、特定專用等。使用地類別則分爲常見的甲種建築用地、乙種建築用地、丙種建築用地、丁種建築用地，和農牧、林業、養殖等 10 餘項分類。

一般來說，若標示爲「甲、乙、丙種建築用地」，可以直接興建農舍；「農牧用地」和「林業用地」則需依照土地所在縣市法規施行要點的都市計畫規定，能否蓋農舍也未必可知。此外，如果農地的土地謄本「使用地類別」欄位是空白，表示該土地很可能已被劃入都市計畫區，可向都市計劃課查詢預設的用途。

各類建築用地的容積率和遮蔽率

類別	定義	建蔽率	容積率
甲種建地	一般農業區或特定農業區的建地。	60%	240%
乙種建地	鄉村區的建築用地。	60%	240%
丙種建地	山坡保育區內的建築用地，開發前須通過水土保持計畫，施工期間接受監督，完工後通過審核才能蓋屋。	40%	120%（部分地方政府已調降至80%）
丁種建地	一般農業區與特定農業區內的工業建築用地，但只能蓋工廠，不能作為一般住宅使用。	70%	300%

名詞解釋　**+建蔽率**：建蔽率，又稱建築密度、建築覆蓋率，指房屋最大水平投影面積與基地面積的比率。簡單來說就是指一塊空地上，可以蓋的建物範圍（即建築面積）有多少，屬於平面管制。

+容積率：容積率指基地內建築物總樓層面積（不包括地下層及屋頂突出物）與基地面積的比率，也就是建坪（建築物總坪）與地坪（土地總地坪）之比。用白話來說，指的是在既有的土地面積上，房子可以蓋多少層樓，屬於立體管制。

Q04 我買了地，卻不能蓋，一查才發現是被列為禁建的土地，這有辦法解套嗎？

雖然土地為私有地、亦可自由買賣，一旦被列為禁建或限建的土地，就無法蓋屋，通常禁建會有一段年限的限制。因此買地之前務必了解是否為禁、限建土地，例如：在水利地、國家公園、軍事地、氣象雷達站……等範圍內，建議最好先請專業的不動產經紀業者代為查閱。

名詞解釋　**+禁／限建地**：為了確保國防和軍事設施的安全，並維持山區土地治安，政府明訂於海岸山地和重要軍事設施管制區劃定禁／限建區域，管制區域範圍內的地形變更、地貌工程或建築案件的相關作業規定。相關執行細項可上內政部營建署查詢，或洽詢其管理單位。

Q05 都市計畫內農建地和農地有什麼不同？農建地蓋房子有什麼限制？

農地的使用分區若為特定農業區、一般農業區、鄉村區、風景區、山坡地保育區、特定專用區、國家公園區的農牧用地、養殖用地，或森林區的農牧用地均可依農業發展條例規定興建農舍。都市計畫內土地的農業區可興建農舍，都市計畫內土地保護區若在都市計畫發布前，原做為農業使用，也可興建農舍。

農建地的名詞，是因都市計畫施行前為農地，但已有房屋存在，因此在都市計劃實施後，將該筆土地的地目改為「建」，讓建築物所有權人可以合法使用、改建、新建或增建，買農建地無法蓋屋的問題時有所聞，有時是因這筆土地在都市計畫發布後才將「田」、「旱」地目申請變更為「建」地目，因此無法蓋，或申請變更的證明文件上是蓋廠房而非住宅。建議購買都市計畫內農建地時，需確認地目變更時間點，以及當初建築物申請時是否為住宅。

農建地 VS 農地

項目	農建地	農地
土地使用分區	都市計畫區的農業區	都市計畫區或非都市計畫區的農業區
建蔽率／容積率	60%／180%	10%／150 坪以下（總樓板面積）
興建最小基地限制	無	0.25 公頃（約 756.25 坪）
興建限制	建築物簷高不得超過 14 公尺，並以四層為限。	建築物高度不得超過三層樓，並不得超過 10.5 公尺，最大基層建築面積不得超過 330 平方公尺。
申請興建的法令限制	一筆土地僅可申請一間農舍。	1. 興建農舍之申請人應為農民，且無自用農舍。 2. 申請人的戶籍和土地需在同一縣市，且登記需滿兩年才可始建。 3. 一筆土地僅可申請一間農舍。

攝影＿＿Amily

農地若要申請變更為農建地，其周邊環境亦須納入審核標準。

Q06 都市計畫內的土地還有分住一、住二、住三等項目，這些分類對蓋屋有何影響？

都市計畫內的住宅用地，可向所在地都市發展局（處）或城鄉發展局查詢土地管制規則（要點），各縣市會依細部計畫、使用項目與使用強度細分，例如台北市、高雄市均可透過都市發展局網站上的土地使用管制規則，查詢詳細分類，例如台北市分為住一、住二、住三、住 3-1、住 3-2、住四、住 4-1、住 4-2 等。在不同分類下，有不同建蔽率、容積率規定與限制。

Q07 什麼是畸零地、裡地，這些地也可以蓋房子嗎？有哪些規範？

買地若要蓋屋，需符合內政部營建署建築法規的規定，包括土地面積是否達最小建築面積，是否臨建築線等。裡地指的是沒有臨接道路的土地，畸零地則是在建築法規中，土地未達最小建築面積的地，各縣市都有畸零地使用自治條例，除非將毗臨的土地合併申請，否則無法蓋屋。都市計畫內的土地較少出現裡地，但農地則有許多是不臨路的裡地。另外還有一種土地叫袋地，是不臨道路，且未達裡地標準之土地。

畸零地、裡地、袋地比較表

類型	畸零地	裡地	袋地
定義	建築基地面積狹小，或基地界線與建築線之斜交角度不足 60 度或超過 120 度。	指位於臨街線算起適當範圍以外土地。也就是道路邊線稱為「街線」，從街線往內（遠離道路方向）固定距離（各縣市定義不同，一般定為 18 公尺）的線條即稱為「裡地線」，裡地線以內的土地稱為「裡地」。	不臨道路，且未達裡地標準之土地稱為「袋地」。也就是位於臨街線與裡地線之間無直接面臨道路，僅以巷道出入或無出入之土地。
面積	小於法定建築最小面積。	不一定，可能大於法定建築最小面積。	不一定，可能大於法定建築最小面積。
無法蓋屋原因	面積不足蓋屋。	無道路出去，需經過他人土地。	
解套方法	與鄰地合併。	1. 與鄰地合併 2. 行使袋地通行權	

名詞解釋 **＋袋地通行權**：就是指鄰地通行權，規定在民法第 787 條：「土地因與公路無適宜之聯絡，致不能為通常使用時，除因土地所有人之任意行為所生者外，土地所有人得通行周圍地以至公路。」

Q08 購買山坡地有什麼要注意的呢？

由於政府對山地買賣有一些法令限制，並不是每塊地都可以自由買賣。通常山地可分爲兩大類：公有及私有土地。公有土地爲政府機構所有，不能買賣。但有些公有土地是可承租來種植果菜、茶樹、林牧等，欲知詳情可向國有財產局詢問公有土地相關租賃辦法。私有土地可分爲原住民保留地，限原住民持有，及政府放領土地，可自由買賣。想了解土地爲公有或私有，到土地所在的地政事務所調閱地籍資料即可得知。

Q09 買山坡地蓋屋，有哪些限制？

依照土地的「使用地類別」，山坡地保育區常見有幾種分類，包含「丙種建築用地」即爲丙建（建地）、「農牧用地」即農地、「林業用地」即林地。如果想在山坡地上蓋屋，可依照不同的類別規範去申請建照即可；但若遇上登載爲暫未編定的土地，則可先申請補編定，再依此進行土地規劃，或者依各縣市規定可視爲林地申請農舍。

地質結構不良、地層破碎、順向坡有滑動之虞或者土地坡度超過 30 度……，若山坡地遇到上述情形，都是不能蓋房子的。故建議買地之前，可以先找信任的專家協助確認，或上經濟部中央地質調查所網站的地質資料整合查詢平台（gis.moeacgs.gov.tw），查詢到臨近地區相關地質資料，以免誤觸地雷，得不償失。

同時，面對山坡地最重要的水土保持議題，一般來說，山坡地不論是建築房屋或開闢道路，都須向土地所在地之縣市政府的水土保持管理單位（「目的事業主管機關」）申請水土保持計畫。可於申請建照時，一併送交「水土保持計畫書」，說明該筆土地使用情形，經主管機關核發水土保持施工許可，施工期接受監督，完工後通過審核才能蓋屋。

水土保持計畫以 500 平方公尺（151 坪）爲分界點，若開發面積小於這個數值，只需填寫一份「簡易版」的申報書即可。因建築執照必須等到水保計畫核定後，才可核准，故也常有建管單位會要求申請人先取得水保核定後，再申請建照。

Q10 我們想到山上買土地蓋房子，但聽說最好不要選順向坡的土地？請問什麼是順向坡呢？怎麼看呢？

「順向坡」指的就是岩層與山坡的傾斜方向爲一致的現象，在經歷了雨水、河流，以及湖泊的長年沖刷下，或是人爲的開挖填土後，這類山坡地很容易發生順向滑動，造成崩塌的意外，像是 88 風災小林村的事件，還有汐止的林肯大郡也是屬於此案例。因此購屋時可拍照寄到建築師公會全聯會、水土保持技師公會、水利技師公會等機構，請專業技師進行勘驗判定。

攝影｜王正毅

建議選擇背風坡的土
地，有效防止颱風暴雨
的侵襲。

Q11 台灣屬於地震活躍的地方，如何避免買到地震帶上的房子呢？

台灣的地層常因為地震造成崩山、地滑、土壤液化與承載力不足的現象乃至於地層下陷的問題。
因此在選地時，最好能避開位處在地震帶的危險地區，或者可至國立中央大學應用地質研究所的
「台灣活斷層查詢系統」（gis.geo.ncu.edu.tw/act/actq.htm）查詢。

Q12 看中一塊便宜的山坡地，但附近有高壓電塔，是否會影響家人健康？

買地蓋屋，最好考慮附近是否會出現嫌惡設施，一般認定的嫌惡設施包括高壓電塔、變電廠、垃
圾焚化爐、墳墓、殯儀館、牧場等，都屬於較差的環境條件，買下位於這些設施附近的土地，地
價相對會比較便宜，但若考慮健康、風水、心理因素以及未來轉手的增值空間等問題，建議還是
盡量避免。

Part 2
預算編列

不論是買地、造屋，過程中都需要一筆不小的資金。除了營造、設計費用，申請行政流程中需要繳交的規費、買賣土地繳納的稅金等等，事前瞭解會有哪些支出以及可申請的貸款，推算出自備金的金額，才能做好完善的資金計畫，以免真的開始蓋屋後，才發現有許多預料外的支出，導致預算不足，讓蓋屋圓夢的過程一波三折。

重點筆記 Key Notes

1. 除了土地買賣本身的費用外，需準備後續的整地、申請等規費。
2. 可透過土地或房屋貸款擴充不足的資金。
3. 專業的建築師在報價時會詳細列出應做項目，從設計圖面、申請建照到監造方式，讓價格透明化，更能讓你精準掌握費用

2.1 自地自建的可能花費

自地自建除了購地資金、蓋屋的建築材料費及室內裝修費用之外，還有許多規費與支出是不能忽略的，因此，想買地自己蓋房子的人，事前一定要弄清楚會有哪些花費。另外，與建築師、營造商擬定合約之前，都需確保報價單是否合理，並確認其工作內容範疇，若有任何疑問，可直接詢問，避免事後有追加費用的模糊地帶。

Q01 想要自地自建，自備款要準備多少才夠？

買地蓋房都需要用到現金，但不可能完全都能負擔，因此要先考量可以貸款多少，有哪些貸款管道，再評自己的還款能力，才能估算需準備多少自備款。

在買地和蓋房兩個階段來看，都有相對應融資方案，分別為「土地融資」和「建築融資」。在土地方面，為了避免有心人士炒作土地，土地貸款的成數相對較低，最高只能貸到 65%。但由於自地自建中途放棄的機率較高，因此願意承作的銀行較少，建議可找常有來往的銀行，比較有機會順利貸到。

但要注意的是，貸款的基準金額需以銀行鑑價的結果為準，而非實際購地金額，通常會差個 10 ～ 20% 左右。因此若你想買 500 萬的土地，銀行鑑價為 450 萬，以可貸款的最高成數來算：450 萬 X 65% =292.5 萬。再包含代書費、仲介費，所以購地時，至少需準備一半以上的自備款才夠。

另外，蓋屋初期無法貸款，因為銀行為了避免蓋到一半停工的情況，通常需蓋完建築本體後（非

毛胚屋），才可向銀行辦理房屋貸款，因此必須準備足夠資金才能蓋。若原本就有房子，可利用舊房子貸款，或向親友借款，或選擇優惠的消費性貸款（利率會較高），等新屋蓋好後，取得使用執照，做了保存登記後，就可向銀行申請房屋貸款，但貸款成數會依個人信用條件及房屋條件而有差異，建議至少需準備三成自備款。

Q02 請地政士（代書）辦理土地買賣，費用大約是多少？還有哪些額外費用需支付？

除了土地費用，還須給付代書費，金額依委託代辦事項及不同地區定價不一，約在 NT.5,000 ～ 12,000 元左右，有些地區為買、賣雙方各付一半，但也有些地方由買方支付。在買賣雙方委託代書、簽妥「授權書」（授權代書幫你們跑相關流程）之際，先預付此次案件的相關費用當作簽約金，事後再多退少補。簽約金約 NT.1,500 ～ 2,000 元／筆。土地登記約 NT.5,500 元／筆（院轄市：NT.7,000 元／筆，每增 1 筆土地加收 25%）。委託代辦貸款，費用另計。此外，買方還需支付買賣的印花稅（土地公告現值的千分之一），以及地政事務所登記規費（土地申報地價的千分之一）。

地政士（代書）相關費用

項目	金額	支付者
代書費	約 NT.7,000 ～ 12,000 元	各地區不同，約有以下模式： 1 買方全額支付 2 買賣雙方各付一半
簽約金	NT.1,500 ～ 2,000 元／筆	買方
土地登記	約 NT.5,500 元／筆 院轄市：NT.7,000 元／筆，每增 1 筆土地加收 25%。	買方
印花稅	土地公告現值 ×0.1%	買方
土地移轉規費	土地申報地價 ×0.1%	買方

Q03 若找不動產經紀人買地，需給付幾%介紹費？

依照內政部 2000 年 5 月 2 日公布修正的不動產仲介業報酬計收標準規定，「不動產經紀業或經紀人員經營仲介業務者，其向買賣或租賃之一方或雙方收取報酬之總額合計不得超過該不動產實際成交價金百分之六或一個半月之租金。」依規定，最高只能向買賣雙方收取實際成交金額 6% 的費用。因此，有些公司向賣方收取 4%，向買方收取 1%，但各不動產經紀業者收費比例不一，因此還是必須多方詢問。

Q04 買山坡地蓋屋是否需要先整地，會有哪些可能的費用產生？

蓋屋之前需整地，建築師正式設計前，可能還得支付測量費用（含地界、地上物與高程測量費用）。除了整地之外，還需請水保技師提出「水土保持計畫」，一般來說，水土保持計畫收費至少要 NT.30～100 萬元，多寡視開發規模大小而定。「簡易水土保持申請」目前並無公訂收費標準，每筆收費 NT.3,000～30,000 元不等，可透過建築師或代書（地政士）來協助申請，甚至自己申請；後者不妨多多利用各縣市政府免費提供的水土保持服務團體來協助辦理。

由於，山坡地需依水保計畫進行相關的整地措施，因此建議等到水保技師規劃後，再依其設計整地，否則會產生重複的整地費用，形同浪費。

建築基地小於 500 平方公尺（約 151 坪）的自地自建，可以改用「簡易水土保持申請」。

Q05 我買山坡地蓋屋，爲何申請水土保持計畫時，政府還要跟我收一筆回饋金？

買山坡地蓋房子，屋主常疑惑：爲何承辦人員跟我說要收取回饋金？這筆錢到底要回饋給誰？所謂的「山坡地開發利用回饋金」，乃是開發山坡地時，繳交給林務單位做爲造林基金使用。金額爲申請面積 × 土地公告現值 ×6～12%。所以，在核定簡易水土保持申報書之前，申請者必須先繳納此筆費用。

Q06 申請建照前，必須測量土地，這筆費用如何計算？若與鄰居的土地需要鑑界，費用要自付嗎？

在買賣土地時，關於土地坪數和邊界範圍需要詳細確認，除了在看地時，請地主沿邊界帶看之外，大致先瞭解土地範疇；在簽約付定之前，應請求地主辦理「鑑界」。所謂的鑑界，就是透過政府的公信力，派遣專業的測量人員以釐清與臨地間之界址、有無侵佔及實際正確的坪數。建議可於土地買賣合約中擬定相關的鑑界事項，確保土地產權清楚。

通常鑑界費由地主（賣方）支出，行政規費為每筆土地 NT.4,000 元，一個地號為一筆土地。至於蓋屋之前的土地測量費用，包括地界、地上物，以及高程（坡度）測量，依照測量人員多寡、使用機具、測量的時程、以及難易度不同而有差異，各地區收費標準不一，建議直接洽詢各測量公司。

Q07 買地後能否蓋屋，土地是否臨建築線是關鍵，請問申請建築線約需花多少錢？

申請建築執照之前必需先指定建築線，所謂「建築線」為建築基地與法定公布的都市計畫道路間之境界線，或依法有指定退讓的現有巷道之邊界線，這是為了確保建築基地和道路有一定空間，同時讓每棟建築物皆整平，使街容整齊，有效維護都市空間品質。可向當地都市計畫相關主管單位申請，費用依該筆土地所臨的道路多寡不一，約為 NT.20,000 ～ 30,000 元左右。

一般上，需要指定建築線的土地都位於都市計畫區內，都市計畫區外的農地或建地，通常都不需要指定建築線，不過在購地前，還是要事先詢問較佳。

Q08 自地自建，建築師的設計費怎麼計算？涵蓋哪些項目？

以大型建案的標準來說，建築師酬金含設計、申請建照與重點監造（不派員駐點）費用，依不同地區收費標準不一，約為總工程款 3.5 ～ 11%，詳細的收費標準，可參考中華民國全國建築師公會網站（www.naa.org.tw）的「建築師酬金標準」，但若針對小型建案，各建築師事務所收費不一，建議多方洽詢。

建築師酬金標準參考，以「一般建築 ※」為例

各縣市建築工會	酬金百分率		
	總工程費 NT.300 萬元以下	總工程費 NT.300 ～ 1,500 萬元以下	總工程費 NT.1,500 ～ 6,000 萬元以下
台北市、新北市、宜蘭縣、基隆市、桃園縣、苗栗縣、彰化縣、高雄市、屏東縣、台南市、台東縣、花蓮縣、嘉義市、福建金門馬祖地區	總工程款的 6.5 ～ 9%	總工程款的 6.5 ～ 9%	總工程款的 5 ～ 9%
台中市、台南市、新竹縣(市)、南投縣、雲林縣、嘉義縣	總工程款的 5.5 ～ 9%	總工程款的 4.5 ～ 9%	總工程款的 4 ～ 9%

以上資料整理自：中華民國全國建築師公會網站（www.naa.org.tw）本表僅為參考之用，詳細費用請洽各家建築事務所。
※ 一般建築包含簡易倉庫、普通工廠、四層以下集合住宅、店鋪、教室、宿舍、農業水產建築物，以及其他類似建築物。

酬金給付期數和比例參考

期數	內容	付款比例
第一期	訂立委任契約	10%
第二期	規劃完成	20%
第三期	建築執照掛件前	20%
第四期	建築執照核准時	20%
第五期	工程開工時	10%
第六期	結構體工程樓地板面積累計完成百分之五十時	10%
第七期	使用執照掛號時	付清剩餘酬金

資料來源：建築師公會

※ 期數內容、付款比例依業主和建築師實際協議而定。

依照建築形式和材質，各建築師事務所收費不一，建議多詢問幾家。

Q09 建築師說申請建照前要向公會掛號，因此必須預繳費用給當地的建築師公會，審核通過才退費，真的嗎？

在申請建照的流程中，首先須向當地建築師公會掛號審核，並且預繳建築設計費的 7 成給公會，建照申請通過之後才退還，藉此替建築審查把關，通常這筆費用需由起造人預先支付。

Q10 若原本無自來水管線，是否可申請自來水，費用多少？

自來水接管，可向自來水公司申請，有些人購買農地，臨戶已申請自來水錶，但卻不願分享外管，

此時可能需直接接主幹管，自來水公司會依管徑、供水的水壓等做判斷，但距離較長，費用也會較高。一般請水電行申請水表，約需給付 NT.8,000～12,000 元，基本工料費用，4 公尺以內以 4 公尺計，分為 PVC、不鏽鋼管，超過 4 公尺另依實際施工費用計算，通常需現場估價，除接管費用外，另外還需支付路面修復費用，每戶可能需花超過萬元。

Q11 我的土地周邊無電可用，想要開始蓋屋需要用電，申請需要多少錢？

在準備蓋屋前，若有需要可申請「臨時用電」，若土地為農地時，則可先申請「農業用電」，臨時用電的基本費用約為 NT.3,300 元。

申請用電全程必須透過合格電氣承裝業，也就是合格的水電工程行向台電申請，不能自行申請。若附近沒有電線桿，就需要重新架設，包括請電、申請電表以及架設電線桿的費用，全部使用費用全額自付，依台電設計線路及施工單價計費，需給金額不一，有時甚至高達十餘萬。

另外，申請臨時用電會加收保證金，廢止用電後退還，不過各區收費標準不一，建議先詢問台電或熟悉流程的水電工程行。

攝影＿ Yvonne
若無電可用，可向台電申請臨時用電。

Q12 都市計畫內的新建物，未外接污水下水道，若想申請接管，是否需支付額外費用？

政府目前正積極推動公共污水下水道建設，下水道接管的工程，目前均由各地方政府衛生下水道工程單位負責，依照衛生下水道法規定，家戶污水排放管線工程若在私領域內則由用戶負責，若在公領域，則無需付費。

Q13 營造費用要如何給付，是否有一定標準？

蓋屋時，營造費在簽約時會先支付簽約金，之後依工程進度分為多次付款，需預留 5～10% 保

固尾款，在領到使用執照後給付。由於許多機電設備、管線等的保固期可能為 1 ～ 3 年不等，因此給付尾款的同時，最好簽訂保固書，以免營造商在保固期未截止前，就不負維護保固責任。

Q14 害怕營造商不斷提前追加費用，在評估估價單時要注意什麼？又要如何應對？

事前需至少找三家以上的營造商進行估價，取得估價單後可會同建築師與營造商開會說明相關工程費用的細項。會同建築師的原因在於不只在費用上可提供建議，還有當建築結構中有需要特別施工方法時，營造商是否有能力進行施工且能有辦法解決，建築師可藉此評斷營造商的施工能力和價格是否合理。

在看營造商的估價單時，應明列每個工程項目的施工方式、建材品牌和單價、單位數量等，若有出現「一式」的情形，這樣的報價方式比較籠統，屆時有可能會發生追加款項的情況。應要求廠商寫明估價內容，像是使用廠牌名稱、數量、單價等，若廠商虛與推託，則要慎重考慮是否需更換。此外，國產或進口品牌的價差大，也能防止日後更換材料時，營造商從中取得獲利。

由於原物料像是鋼筋、水泥，價格漲幅波動較快，因此有些公司在製作估價單時，就會明訂報價金額為 60 天有效，60 天內確定簽訂合約後，會馬上訂製所需原料，避免差價產生。而在簽訂合約時，會明列若建材物料的價格漲幅超過原始報價的一定比例，通常為 1 ～ 3% 左右，由營造商負擔。若超過約定比例，則由屋主吸收。

另一種是所謂的「找補條款」，因為實際施工數量、坪數可能與合約訂立時有些微落差，導致最後結算的工程費用可能與原訂工程總價發生差額，則在一定的比例內（通常約定為正、負5%），雙方均不向對方請求退款或增加付款。意卽，假設最終的總工程費用超過原價的 6%，則 5% 由營造商吸收，剩下的 1% 則由業主支付之。若少於 5%，則營造商不得向業主請求增加付款。

營造費用會取決於建築結構的複雜程度、用料的等級、施工複雜度等而定，價格無法一概而論。

攝影／wan-e

2.2 購地、建屋貸款申請

買地、蓋屋，對於一般人來說，是一筆金額可觀的支出，因此必須依個人財務狀況，做好妥善規劃。不論想要利用土地貸款，或蓋屋後申請房屋貸款，都須事先了解自己想買的土地價值，及可能的貸款成數，確信有充足的自備款，才能買地，存夠資金，才能蓋屋，否則很容易因預算不足，讓買地蓋屋之夢半途而廢，或者耗費多年才完成夢想。

Q01 聽說購地有土地貸款可申請，哪些銀行可申請？最多可貸多少百分比？

雖然依照中央銀行 2010 年 12 月 31 日實施的「中央銀行對金融機構辦理土地抵押貸款及特定地區購屋貸款業務規定」，自然人（即個人）所購買的土地，若為都市計畫內之住宅區或商業區土地，可以此為擔保，向金融機構申請貸款，條件是「須檢附具體興建計畫」。至於貸款額度，「最高不能超過抵押土地取得成本與金融機構鑑價金額較低者的六點五成」，其中一成還得等到借款人動工興建後才撥貸。若一年內都未動工，會回收貸款。這項規定是政府避免申請人假借建造之名，實則買地養地。

目前銀行的土地貸款主要還是針對建商，個人幾乎很難向銀行申請到土地貸款，一般像是土地銀行、信用合作社較願意承作私人土地融資。

Q02 不同的土地條件，貸款成數是否有差別？還有哪些注意事項？

雖然目前銀行較少承作個人的土地貸款，但若購買的是農地，且貸款人信用良好，且原本就是該銀行的優質客戶，部分商業銀行還是可以貸款，可向當地不動產經紀人，或地政士洽詢可能核貸的銀行。此外，也可向各農會的農地銀行貸款。至於貸款成數，一般來說大約在五至六成左右，因此建議想要買地蓋屋，購地資金，至少需準備五成的自備款會比較保險。

Q03 買農地是否只能找農會貸款？有什麼條件限制？

2000 年 1 月 28 日實施的農業發展條例，放寬了買農地的身分限制，因此即使不是農民，也可以購買農地，買農地也可在一般銀行申請貸款。但最好選擇自己平常有往來的銀行，且有良好信用，比較容易貸款成功。目前各農會都設有農地銀行，專門協助辦理農地貸款相關事宜，雖未限制必須在農地所在的農會申請貸款，但找在地農會申請，會更了解該筆農地狀況，但農地過戶後，必須加入農會成為會員。加入會員後，透過農會協助，可以更了解蓋農舍的相關規定。

Q04 自地自建除了土地貸款外，還有哪些較優惠貸款可利用？

除了土地貸款外，銀行通常有一般消費性貸款，但消費性貸款利率比房屋貸款高，且可貸款的額度，依個人條件不一，最重要的還是看還款能力。若貸款人任職的公司為前 500 大企業，或貸款人為軍、公教人員，會有較優惠的貸款條件，此外，若原本與該銀行有密切往來，且信用記錄良好，貸款成功的機率也會比較高，甚至可能獲得較優惠的貸款利率與比較有利的還款條件。

買農地的資金貸款一般可透過農地銀行或農會申請。

申辦保存登記後，才能申請房屋貸款，大多可貸到七成左右。

Q05 自地自建，房子蓋好後，是否可申請房屋貸款？貸款成數為多少？

房子蓋好，取得使用執照，並辦理保存登記後，就可以向銀行申請房屋貸款。至於貸款的成數，則會因為該建築物所在基地的條件、建築物的坪數、房屋的價值，以及申請貸款者的信用條件而有差異。一般來說，大約可貸到七成左右，因此建議至少需準備三成的自備款會比較好。

Q06 購買的農地上若已有農舍，想要增建，可用原來的農舍貸款嗎？

原有的農舍若為合法申請建照興建，且已辦理保存登記，就可向銀行申請房屋貸款。但是很多農舍並非依法申請建照，也沒有使用執照，這樣的狀況，銀行無法核貸。此外，有些農舍雖取得使用執照，卻未辦理保存登記，銀行也不會核發貸款，這點必須特別注意。

Q07 除原本農地上已申請保存登記的農舍外，申請貸款時，其他地上物（例如農作物等）的價值是否會在貸款時被估算在房屋價值內？

已辦理保存登記的農舍，另外還有地上物包括農業資材室、果樹等農作物，這些地上物在購地時，賣方都一併算進購地的價格中，但銀行評估貸款額度時，除了有保存登記的農舍之外，其他地上物的價值均不包含在估價範圍內。

Q08 透過代書、仲介申請貸款會比自己申請有利嗎？需注意哪些問題？

地政士、不動產經紀人通常也會幫客戶申請貸款，但會酌收代辦費，至於銀行貸款的相關規費，也需自付。若自認信用良好，可自行向經常往來的銀行貸款會比較有利。

銀行（農會）核貸的標準，除土地（房屋）條件外，最重要的還是看借款人的還款能力。若借款人在前 500 大企業任職，或為公教人員（公教人員經常有優惠），或檢附有利的相關財力證明，核貸的可能性會比較高。此外，目前銀行申請貸款時，通常會先用電腦過件，若借款人曾有不良的信用紀錄（例如信用卡延遲繳款），則會影響銀行核貸的意願，必須特別注意。

Q09 新蓋的房子已申請到使用證明，聽朋友說保險公司也可申請房貸，條件如何？

申請到使用執照之後的房子，就可以申請房屋貸款，除了商業銀行之外，保險公司的確也有針對保戶承作房屋貸款，前提必須是該公司的保戶，至於貸款利率，則以保險公司當時訂定的房貸利率為準。除房屋貸款外，也可依個人保險的保單價值準備金申請保單貸款，但利率通常比當初購買保險契約簽定時的利率稍高，建議可以向自己投保的保險公司詢問。

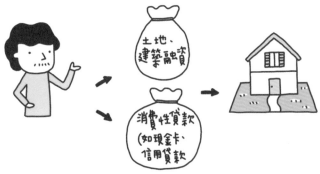

插畫＿黃雅芳

Part 3 法令規章

新買了一塊農地卻被告知不能蓋屋？買下大片山坡地蓋屋，水土保持計畫卻屢被退件？各類窘況屢見不鮮，問題的根源皆來自法令限制，從土地分區、建照申請、門牌登記到使用執照許可，一項項條文為土地使用、都市建築景觀和安全性，設下必要的基本規範。若能在耗費大筆資金購買土地和興建房屋之前，讓自己具備基本概念，就能有效避開不必要的糾紛或陷阱，確保自我權益。

重點筆記 Key Notes

1. 購地前可上網查詢當地的土地成交價格，以免買貴了。
2. 土地過戶時，需備妥所需文件並填寫正確，以免被退件增加往返等待時間。
3. 成屋後，從建築物的使用執照、門牌、稅籍登記到水電都需申請，以免影響稅務或日常生活。

3.1 購地限制和法令

買地之前，除交通、機能外，檢查土地使用分區是最重要的一個動作，攸關日後蓋房子的規劃。不過，買賣土地不僅金額大，涉及的法律細節尤其多。比如，是買下這塊地之後能否蓋屋？或是，該土地是否還有產權或路權等問題需要解決？林林總總，一言難盡。倘若買方能具備基本概念，不僅在買地時、能確保自我權益，也能避開不必要的糾紛或陷阱。

Q01 如何判斷這塊土地能否蓋房子？

買地籍謄本上標示建或農的「地目」，是最簡單的判別依據。但「地目」是日治時期留下來的分類，最好看「使用分區」與「使用地類別」這兩個欄位，判斷會更精準。

圖中範例為南投某塊山坡地的地籍謄本。光看地目，我們只能得知它是建地。「使用分區」寫明為山坡地保育區，也就是俗稱的山坡地。但是，山坡地有很多種，包含了農地、林地，甚至是國有保護區；每種類別對開發的規範標準不同。「使用地類別」則標示出這原本就是可開發（含蓋屋）的丙種建地。

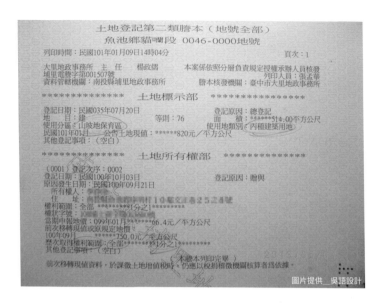

地籍謄本除提供這塊土地的位置、所有權，「使用分區」與「使用地類別」這兩個欄位還提供了這塊地是否能蓋房子、蓋多大的資訊。

Q02 我新買了一塊農地，卻被主管機關說有套繪管制，不能在上面蓋房子？為什麼？

套繪是以前舊法留下的限制。由於在 2000 年 1 月 28 日之前申蓋農舍，得將所有權人名下的所有農地都納入套繪管制。意即若王先生名下擁有甲、乙、丙 3 塊不同區域的地，每塊面積都足以申請蓋一棟農舍，在 88 年 1 月 1 日王先生申請在甲地蓋農舍，在法律上這 3 塊土地將會合併套繪成一筆基地。

基於《農發條例》規定：「一筆基地只能申請一戶農舍」，有套繪管制的農地，無論面積大小，只要蓋了一棟農舍，其餘的乙地和丙地皆不能再蓋，即使土地後來分割、轉售，這項限制仍舊存在分割後的每一塊土地。

因此，當你買了王先生的乙地時，由於套繪管制的緣故，就無法再蓋房子了。其中，如果你買下的土地是經過重劃的農地，該地的原有多位地主當中有人做了套繪的動作，那麼你買的這塊地就也會被套繪管制住。

Q03 如何確認土地是否受到套繪限制？

1. 檢查地籍謄本的標示說明

可直接觀察地籍謄本的備註欄內，是否已加註「已申請農舍」字樣。若有，就表示這塊地無法再作為其他用途，其原因很可能已受套繪管制。

2. 向地方政府的建管單位查證

有些地籍謄本未必能看出這塊土地先前是否有申請過農舍或被套繪管制，則必須前往地方政府的建管單位（如：鄉鎮公所建設課），申請「無套繪管制」的證明或查證。

3. 以縣政府核發資料爲準

基本上，繪套管制是鄉／鎮公所核發的，管制單位則是縣政府。有些鄉／鎮公所可直接提供相關證明，部分則需至縣政府申請；若兩邊都有資料，請以縣政府核發資料爲準。申請時，只要附上地籍謄本及重測（重劃）前的地號資料即可。

4 重劃後農地，需標示新舊地號

若所購買的土地曾經過農地重劃，地號、地段一定會重新命名。申請時，必須將該筆土地的舊地號和新地號，同時呈給管理單位查詢。

Q04 如何讓受到套繪管制的農地解套？

若地籍謄本備註欄無註記，我們或可利用「分割」的方式來解套。

1. 請原地主辦理土地分割：原地主將原先農舍的建築執照及使用執照（若年代久遠，電號或水號也可協助）交由代書或建築師來辦理土地分割。

2. 確保分割面積：保留原先農舍所需的土地面積，再將其它土地分割出來，即可解套。跑完這程序約需一個月。

如果你買下的土地只有前任一個地主，事情還好辦；但若經過多手，甚至因爲農地重劃後而打散重分配，或是原地主將套繪的多塊土地賣給不同人，你要找的原地主可就不只一位了。由於幫這種農地解套很麻煩，所以，有套繪地和沒套繪的土地，兩者價差可達三成。

Q05 如果買下的農地被劃入都市計畫保護區，還能蓋屋嗎？

若你買下農地之後，發現核發下來的地籍謄本上面地目欄位（土地使用類別）爲空白，最好向地方政府的都市計畫課查詢是否已被劃入都市計劃保護區。欄位之所以空白，是因爲被列入都市計畫區的農地現今還不確定隨著都市的發展會被調整爲建地或道路用地。

這樣的農地還是可以申蓋農舍，且地價還可能因此水漲船高。不過，由於被劃入都市計畫的土地，若遇到政府以後若要闢建聯外道路，就會強制徵收、重劃，地上建物會被拆除。若該建物本來就是違建，就難以獲得國家賠償。

3.2 產權轉移、地目變更的相關法令

買地蓋屋，得先關切這塊土地的產權、地目、土地使用分區與類別。地目等分類會限制土地能否蓋住宅以及建坪跟樓板面積的比例。產權則會影響交易順暢。至於各類土地能蓋屋的條件，得依照地方法令而定，詳細規範請洽詢當地縣市政府相關單位。至於土地產權的變更，則得向地政事務所申請辦理。

Q01 購買土地的程序為何？

一般來說，在正式簽約買土地的當天，要再次確認土地的「身分」，也就是「土地謄本」，若有地上物還必須確認「建物謄本」，以防在過戶前產權會有任何的異動。若先前這筆土地或土地上的建物有設定抵押，在簽約用印時，用印款要多於銀行借款，好讓地主清償他項權利設定而不至於影響過戶。通常購買土地會分四次付款，分別在簽約、用印、完稅、交地，也有簽約和用印時一起付款的情形，詳細的付款比例和方式，可透過雙方代書協調。

土地購買程序

確認土地權屬	決定買地時要看過土地謄本、建物謄本；簽約當天仍需再調閱土地及建物謄本（建議為 12 天內的最新版本），以防中途產權或借貸設定有異動。若土地為數人持分，需注意買賣是否經「全部的」持有人同意。
簽約	簽約金為總價的 10 ～ 15%。賣方則將土地、建物所有權狀「正本」交由地政士保管。
用印	雙方備齊戶籍謄本、印鑑證明及印鑑章，由地政士辦過戶。 不動產交款基本流程為訂金→用印→過戶→清償銀行與尾款。
完稅	契稅和土地增值稅單發下來後，雙方須繳納稅款。
交地	尾款交付給賣方，賣方將房屋土地點交給買方。
稅費分攤	通常買方負擔契稅、代書費、登記規費、公證費、保險費、貸款代辦費；而地價稅（農地未有違規使用者免付）、房屋稅、水電瓦斯等在農舍交屋前應由賣方負責。

※ 如果不熟悉契約內容，不妨參考內政部訂定之定型化契約範本。
　　當然，如果有足夠預算聘請律師，由律師幫你審閱合約會更保險。

Q02 原爲農地若想更改成爲建地，該如何申請「地目變更」？

農地若想變更爲建地，通常要有被道路、水溝、建地、學校等包圍或突出處伸入鄰近建地內的狀況較易通過審核。此外，都市計畫區內的農林地若登記爲「田」或「旱」，可能須先經過農業主管機關同意變更爲非農業使用（卽使不變更爲建地，也可依法申建農舍或農業經營的相關設施）。依照《土地法》解釋函令「辦理地目變更注意事項」修正第 1 點（二）：「一筆土地僅部分爲建築基地者，於依法核准建物登記時，同時通知土地所有人依法申辦土地分割後，再就該建築基地逕辦地目變更登記。」詳細規定得視各縣市政府都市計劃或地政方面的法令而有變動。

當農地變更地目爲建地時，通常可能得進行土地分割：將一塊地劃分成農地與建地（要蓋屋的面積，這部份要申請轉變爲建地），再向地政事務所申請變更地目。

Q03 辦理土地過戶需準備哪些文件？

不管土地上是否含有建物，過戶土地的程序與應備的基本文件約如下。

1. 買賣雙方準備身分證明（身分證或戶籍謄本）、印鑑章與印鑑證明。
2. 賣方準備土地所有權狀。
3. 賣方還可能需要提供土地增值稅繳納稅證明或免繳納證明（農地可免繳納土地增值稅），以及契稅繳（免）納稅證明書。
4. 所有權移轉契約書（正副本）。

然後買賣雙方到地政事務所辦理，填寫土地登記申請書並繳納各項規費。若文件齊全且資格無問題，順利的話約可花 2 ～ 3 個工作天卽可完成過戶，買方就能拿到新的土地權狀。

Q04 辦理土地過戶時，申請被駁回的常見原因主要有哪些？

1. 文件不齊全：卽使少了印鑑也都不行。

2. 文件過時：比如，數十年前的地籍謄本就不適用。最好重新申請。

3. 資格不符：土地共同持分、土地已被設定或有抵押等問題，都會影響過戶。

4. 填錯資料：比如，在地政事務所繳交的土地登記書，裡面填寫的權利人必須填寫買賣以後的土地所有權人（買方），而不是照著買賣前的文件上寫的賣方。

Q05 買賣農地時，哪些法令規令攸關節稅問題？

對於賣方來說，政府為避免炒地皮的問題，須滿五年才能賣出。根據《土地稅法》第 39 條之 2 第 1 項規定：「作農業使用之農業用地，移轉與自然人時，得申請不課徵土地增值稅。」賣方在賣出前，應向各地方鄉鎮區所申請該筆土地的「做農業使用證明書」（有效期限半年），並憑著稅捐處開立的「不課徵土增稅」證明，才可免被課徵奢侈稅。

至於買方，按照現行法律，土地所有權人持有土地期間，依法必須繳納地價稅或田賦。不過，由於目前停徵田賦；所以，只要你的土地被核定課徵田賦，就可免納土地稅。可洽詢各縣市政府稅務局確認你的土地是否符合課徵田賦要件。

賣方可申請土地的「做農業使用證明書」，並持有「不課徵土增稅」證明，才可免被課徵奢侈稅。

3.3 建造房屋的法令限制

好不容易買下土地，接著就要圓一個蓋屋的夢想。不過，在開工、甚至是委託設計之前，最好了解這塊土地的蓋屋條件。建地、農地、林地等「使用地類別」牽涉到不同的容積與建蔽率；而「使用分區」裡的山坡地，還可能會牽涉到水土保持等層級的問題。在追求造屋夢之前，建議先紮穩相關法令的基本功！

Q01 蓋房子一定要找建築師嗎？

蓋房子並非一己之力可以完成，必須透過專業建築師、營造廠商及工程人員協助幫忙，甚至要會同相關專業技師來協同作業。所以，無論是在哪裡蓋房子，一定要請專業的建築師，並依據建築相關法規及各項安全規範來規劃、施工。

Q02 「建蔽率」、「容積率」是什麼？哪裡可獲得這方面的資料？

建蔽率跟容積率影響你房子可以蓋多大面積、蓋多少樓層。

1. 建蔽率：依照《建築技術規則》第 1 條：建築基地面積：「二、建築基地之水平投影面積。」、「四、建築面積占基地面積之比率。」意即若土地為 100 坪，建蔽率為 10%，100×10%＝ 10。在 100 坪的土地上只有 10 坪建築基地。

2. 容積率：依據《建築技術規則》第 161 條：「本規則所稱容積率，係指基地內建築物總地板面積與基地面積之比。」若土地為 100 坪，容積率為 200%，100×200%＝ 200。意即在 100 坪的土地上，總樓層的坪數可蓋到 200 坪。

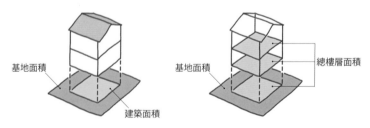

建蔽率：
基地面積 × 建蔽率＝建築面積

容積率：
基地面積 × 容積率＝總樓層面積

插畫＿黃雅芳

Q03 哪裡可查詢各縣市的建蔽率和容積率資料？

各縣市會依據當地的情況規劃專屬的都市計畫書，自行規範容積率和建蔽率的比率，若要瞭解自身土地的容積率和建蔽率需向各縣市查詢。

建蔽率和容積率查詢單位

土地狀況	查詢單位或辦法
都市計畫的土地	都市計畫課、鄉公所申請使用分區證明。
非屬都市計劃的土地	依照地籍謄本所記載的地目，參考當地縣市的區域計畫法、區域計畫施行細則、實施區域計畫地區建築物管理辦法。

Q04 我家位在市中心有塊畸零地，爲何不能申請蓋房子呢？

根據《建築法》裡的定義，「畸零地」指的是建築基地面積狹小，或基地界線與建築線之斜交角度不足 60 度或超過 120 度。所謂的「建築線」，也就是興建房屋所在地要能與公共道路連結在一起，讓水、電、資訊等民生必需的管路；可供給建築物的需要，同時也確定建築防災、救援的可及性。

而各地的直轄市、縣市政府會視當地實際情形，來規定建築基地最小面積的寬度及深度。凡是建築基地面積畸零狹小到不合規定，或是與鄰接土地協議調整地形或合併使用之後仍無法達到最小面積之寬度及深度者，都不可以蓋房子。

Q05 我家是 40 幾年的老透天房子，自行改建要注意哪些要點？

首先，請釐清你到底是想拆掉整棟透天重建呢？還是局部修建？因爲，新建、增建、改建與修建，其實是不同行爲，在《建築法》裡的定義分列如下。

1. 新建：爲新建造之建築物或將原建築物全部拆除而重行建築者。
2. 增建：於原建築物增加其面積或高度者。但以過廊與原建築物連接者，應視爲新建。
3. 改建：將建築物之一部分拆除，於原建築基地範圍內改造，而不增高或擴大面積者。
4. 修建：建築物之基礎、樑柱、承重牆壁、樓地板、屋架及屋頂，其中任何一種有過半之修理或變更者。

透天住宅欲改建，首先需檢視土地權狀。若所有權狀上「權利範圍」登載均爲全部（1/1），就可初步判定可進行改建。

若有任一筆土地地號「權利範圍」標示爲比例持分（有些由建商整批開發的集合住宅）。即是，

改建可賦予老社區的舊房子新生命。

則為所有權為持分共有土地，非經其他所有權人同意無法改建。

除了持分的問題，還必須注意地段。某些區域地段因政令法規修訂，以至於舊建築只允許有條件地修建，不准改建或新建。例如，彰化師範大學寶山校區附近自從被納入國家風景區後，因土地變更尚未完備，而產生了禁建的困擾。合法改建之前，建議您先檢視土地的「使用分區」及「使用地類別」。

另外，必須再確認的是土地上的建物（房子）是否是經過「保存登記」的建物。您可檢視是否有建物權狀；若無，可委託建築師申請新建。若有，則可委託建築師申請拆照並辦理滅失登記後，再重新申請新建。提醒你，老屋改建必須特別留意建物結構安全與舊有管線的更新配置。若是座落地是縣市政府指定都市更新的重點區域，改建或新建或許還可享有都市更新的獎勵措施！不過，由於老屋改建牽涉的層面頗廣，建議洽詢當地縣市政府主管機關，才是最正確的途徑。

Q06 我想在山裡蓋木屋，建築法規方面有什麼需要特別注意的地方？

根據《建築技術規則》「建築構造編第四章木構造」的規定，木造建築物之簷高不得超過 14 公尺，並不得超過四層樓高度。至於木造建築物處的地基，則必須先清除花草樹根及表土至少深達 30 公分才行。另外，雖然是木構造房屋，但台灣屬於地震頻繁區，還是建議採用 RC 基礎結構，耐震度較佳。

Q07 山坡地蓋屋之前，該如何申請水土保持？流程步驟與所需時間約多久？

山坡地蓋屋，最重要的議題是水土保持，不管是蓋屋、開路，都必須向各縣市政府的水土保持管理單位申請水土保持計畫。若開發面積低於 500 平方公尺的，填寫「簡易水土保持申報書」即可；若開發面積大過 500 平方公尺的，就得要送「水土保持計畫書」。

舉例來說，開發建築用地，其主管機關通常為縣市政府的建管單位。申請者要將寫好的水土保持計畫（或簡易水土保持申報書）一式六份，連同建照申請書一併送交；建管單位再將水保計畫核轉至水保單位審查。法令規定，建照及水保這兩類申請書可同時進行審查。但，建照核准必須等水保計畫核定後才可核准；因此，常有建管單位會要求申請人先取得水保核定後再申請建照。

一般簡易水保審查約需三至四週的時間，水保計畫則需三個月左右，故需提前準備。不過，在送出申請之前，要有以下認知：目前，各縣市對於水土保持的規範大致一定；但由於承辦窗口未必皆為水土保持專業出身，每個人對法規的解讀不盡相同，因而影響到送審通過與否及時程長短。

圖片提供＿吳語設計

山區氣象萬千、濃霧飄雨都會導致工期延宕。

3.4 成屋後的申請許可

當房子即將落成之際，從建築物的使用執照、門牌、稅籍登記，到最後將全家人的戶口遷入新家，都需自行申請。有些文件會影響到後續其它工作的進行，甚至影響到銀行貸款。至於水電瓦斯的申請，則攸關了日常生活的便利性。提醒大家，現在大部分政府機關都提供郵寄、傳真，甚至是網路接受申請的服務，可節省民眾跑窗口的麻煩。

Q01 如何辦理建築的「使用執照」？這份文件有何重要性？

建築物在建造之前，必須先申請並領得「建造執照」，才可動工。建造完成後，則需申領「使用執照」才能使用。使用執照就像是嬰兒的出生證明，或像人的身分證一樣。另外，新建物也必須持使用執照，才可向地政機關辦理「保存登記」。

「使用執照」與「建造執照」一樣，通常會委託建築師事務所向各地方政府的建管單位申請。對房屋起造人來說，建築使用執照會影響後續的保存登記或各項申請，是非常重要的證明文件。申請建築使用執照，所需文件視各地方政府而不同，主要如下：

1. 使用執照申請書：包含起造人、承造人、監造人的名冊，以及建築物概要表。

2. 原領之建造執照或雜項執照。

3. 原領之建造執照或雜項執照 ：《建築法》第 71 條規定，建築物與核定工程圖樣完全相符者，免附竣工平面圖及立面圖。

4. 建物竣工照片。

以上只是基本規定，事實上，需準備的文件資料更繁多。確切規定請洽各縣市政府的建管單位。

Q02 「建物所有權第一次登記」是什麼？要如何辦理？

所謂「保存登記」，是指建物向地政機關辦理所有權的第一次登記，是爲了確保產權的一項證明，提出登記之後，你的新家才具有物權效力。

保存登記並非強制性的，有無登記均可；但，其相關資料切不可遺失。若你打算拿剛落成的新家向銀行貸款，就要辦理登記。因爲，經保存登記，才能取得建物的所有權狀。

通常，「保存登記」在新建物取得使用執照之後再來申請即可。登記者的申請資格爲建物的起造人，若證件齊全，可一天內跑完流程；但建物登記謄本則要經公告 15 天、期滿無人異議才可領取建物所有權狀，並可申請建物登記謄本。

辦理時，應備文件約如下：

1. 土地登記申請書：若手邊無文件，可至網站下載，或向地政事務所服務台洽詢。

2. 建物使用執照或其他合法的房屋證明文件：向建築管理機關申請。

3. 申請人身分證明：戶籍謄本，或身分證、戶口名簿的影本。

4. 建物測量成果圖：事先向地政事務所申請測量，確定建物的位置及面積後會核發。

攝影＿葉勇宏

新建築完成取得使用執照後，可向地政機關辦理保存登記，進一步地保障產權保障。

Q03 什麼時候適合申請「房屋設籍登記」呢？

依據《房屋稅條例》第 7 條規定：「納稅義務人應於房屋建造完成之日起三十日內檢附有關文件，向當地主管稽徵機關申報房屋稅籍有關事項及使用情形；其有增建、改建、變更使用或移轉、承典時，亦同」。所以新建、增建、改建房屋，都應於完工日起 30 天內，至所轄的稅捐稽徵處申請設籍。

自地自建的屋主，建議你在建物第一次測量之後，一拿到「建物測量成果圖」就可去地政事務所申請測量謄本辦理登記。

辦理時，應備文件約如下：

1. 建築物使用執照影本；未領使用執照者，請檢附建造執照影本。

2. 平面圖或建物測量成果圖影本。

3. 身份證正本。

4. 印章。

Q04 如何申請門牌初編？

建物完成後，讓房子有一個辨識通聯的地址，可向當地戶政事務所辦理門牌初編。申請者的資格為建物起造人、所有權人、現住人或管理人。辦理時，應備文件約如下：

1. 申請人身分證明文件。

2. 建造執照正本及建物位置簡略圖或建築物使用執照正本。

其他所需文件的內容，得視各地方戶政機關規定辦理。

Q05 就要搬入新家了，水電瓦斯該如何申請呢？

在建築設計階段，就必須將給水、排水、污水、電、弱電、天然瓦斯等管線規劃完成。有些項目因各地方主管機關規定不同，而必須事先送審。而天然瓦斯的室內管線必須由瓦斯公司來規劃。至於電信的弱電管線，則必須送交 NCC（國家傳播通信委員會）審查通過之後才可開工。

因此新蓋好的房子，銜接上戶外的管線才能使用。由於內外管線的銜接勢必會開挖馬路，要注意的是，房子所在地的地方政府是否規定要「聯合開挖」。所謂的「聯合開挖」，也就是不管你是要新裝自來水、電力、電信或天然瓦斯，請你去跟各家公司協調同時開工，再來向縣市政府主管馬路維修的單位申請挖路許可。倘若該地政府規定新鋪設的柏油道路一或兩年內不准開挖路面，而你家才剛完工等著接用水電，那可麻煩！因此，建議你最好事先查詢清楚，以免申辦曠日廢時，影響使用權益。

至於水電、電話、瓦斯的管線接用申請，請洽詢台灣自來水公司、台灣電力公司、中華電信在各地的服務據點，以及您所在區域的民營瓦斯公司。此外，如果你的新家位置偏遠，當地還沒有鋪設自來水與電力，申請也可能不獲通過，或是需要另外支付鋪設管線等費用。

在此提醒您，水電的新裝申請，其實不必得倚賴水電工程業者才能申裝。即使你想讓水電工程業者來全權負責，建議最好還是要了解台電或自來水新鋪管線的規範與施工費。至於天然氣管線，由於瓦斯公司為民營，各家規定不同，詳細內容請洽詢各公司。

※ 弱電系統包含電話、保全、有線電視等系統。其中，電信系統的規劃得由中華電信審核。

圖片提供　吳語設計

住宅新接（含多年未使用要恢復）水電瓦斯，除須向台電、自來水公司或瓦斯公司申裝，也要請水電師傅幫你把內管規劃好，並出具圖面以便申請新設及方便日後維修。

Part 4
造屋流程與規劃

對於大多數人而言，買地蓋屋的經歷一輩子最多一次，身為建築素人的我們，對於如何蓋一棟房子可以說是一竅不通。然而即使這樣，仍然要做足功課，對自己想要怎麼樣的房子有所了解，甚至透過自地自建、建築相關書籍，才能從自身需求出發設計出最適合自己與家人的舒適住宅。

重點筆記 Key Notes

1. 委任通過考試及開業執照的建築師較有保障。
2. 建議在蓋屋過程交由建築師監造，可有效與營造商溝通協調。
3. 施工過程中，在「綁鋼筋」、「配水管電線」、「安裝門窗」和「防水工程」這 4 個階段，屋主親自到場監看為佳。

4.1 找對建築師和營造商

買好地、釐清相關的蓋屋法規，接著就可尋找建築師來幫忙打造夢想家園了。自地自建的成品好壞與否，建築規劃與營造品質就是最大的關鍵！如何找到好的建築師與營造商？口碑與信譽當然是必備的判斷標準，以下將整理常見相關問題提供參考。

Q01 如何找到合適的建築師？

所謂的「合適」，標準依人而定。除了能認同其作品與理念，建議最好能找設有建築師事務所並加入「中華民國建築師公會」的建築師，因為通過國家考試並領取開業執照的建築師在專業上有一定程度的保障。若你不知道到哪裡找建築師的話，搜尋各縣市建築師公會與台灣省建築師公會的網站，上面都有會員名錄。

由於建築工程牽涉到的層面頗為複雜，好的建築師能幫您整合不同層面的事情、處理或避開可能的糾紛。如果情況允許，不妨親自造訪該位建築師的作品，甚至拜訪先前委託他／她蓋房子的屋主，可實際感受其規劃空間的能力，以及細心或負責等風評。

攝影＿Yvonne

蓋一棟建築牽涉的工種、層
面甚廣，好的建築師能幫你
解決大部分難題，並規劃出
優美又舒適的住宅。

Q02 建築師可以幫我發包或是處理相關執照申請嗎？

建築師除可幫屋主規劃建築（含結構），還負責建築的發包與監工。有些建築師只負責設計，幫
忙規劃主建物與所在土地環境之間的整體設計；至於主建物的結構計算及容積比率等專業項目，
則交由其他建築師執行。

規劃之前，還會針對建地進行環境調查與測量。有些建築師的營業項目還包含景觀或室內空間的
設計及施工。此外，建築師事務所通常會協助屋主（起造人）申請建築執照，完工之際則協助申
請使用執照等事項；有些公司還能協助屋主處理土地變更等事項，甚至是買地時的諮詢。由於各
縣市政府對土地及營造的規範不一，強烈建議你優先與在地建築師合作，他們較熟悉當地法規。

還有，由於在都會區建地、郊區的農地或山坡地蓋屋，牽涉到的法規不盡相同，尋找有類似經驗
的建築師，在申請執照或審核時會更為順暢。

Q03 委託建築師事務所規劃、蓋屋，有哪些流程與步驟？

建築師接受委託，開始調查基地的基本資料：確定土地分區類別、可蓋幾坪等法規、調查環境→
確定業主的需求與預算→初步出圖（通常會先出平面，確定之後再出立面圖），進行第一次討論
→修改設計→確認細部設計（如照明、機電等管線配置）、報價→簽約→出施工說明圖→申請建
築執照、發包→營造廠估價→營造廠簽約→營造廠施工、建築師督造→完工，協助申請使用執照
與住家用水電、門牌。

通常，一棟透天別墅從委託設計到完工、入住，會牽涉到政府公家機關的文件核發所需時間，通常需要 1～2 年的施工期，甚至更久。

一棟透天別墅從設計到完工入住，約需有 1～2 年的施工期。

Q04 合格營造廠有哪些基本條件？

營造業可分成綜合營造業、專業營造業與土木包工業。蓋住宅通常會找綜合營造廠，不可請一般的土木包工來幫你蓋屋。綜合營造廠的專業人員包含了領有土木、水利、測量、環工、結構、大地或水土保持技師執照的專業人員，有些還會包含建築師。其開業執照會按照資本額、開業年資與年度評鑑來分成為甲、乙、丙三種等級；其中，以甲級營造商的門檻最高。

Q05 如何得知我的房子營造報價是否實在？

不管是透過建築師或親自找營造商，要比較的就是估價是否透明。營造廠會依據建築師規劃的施工藍圖來估價。這時，就要比較估價單是否有逐項列出各項的成本。通常為包工包料，估價單應該要列出各項建材的等級與數量，還要有各項工程的細目（如，放樣、結構體、泥作等工程之下的有哪些細目、各要花多少錢），同時還應包含各項規費與稅，以及工安等費用。甚至，有無包含鷹架、保護圍籬、臨時廁所與臨時水電等費用，最好也能明確列出。

若為一開始比價，有些營造商可能只給粗估的數字。但若要簽約時，一定要要拿到分項列出的詳細估價單。拿到營造廠出具的估價明細，屋主最好還能逐項檢查，特別要注意總施做面積有無被過度灌水、各細項的定義是否明確，以及空污費等各項規費與稅金是否有重複繳納的問題。

4.2 選擇結構

自地自建住宅，我們不一定得遵循建商的思維，蓋出千篇一律的方盒子。除了外型，還可以很自由地選擇不同工法。除了台灣最普見的鋼筋混凝土，以及早已被業界淘汰的磚造建築，你還可以選用鋼骨、原木，甚至是輕鋼構快速組裝的方式。以下僅介紹幾種台灣目前較常見或正在興起的建築工法。

Q01 RC、SRC 與 SC 是指怎樣的建築？其優缺點主要為何？

1. RC（Reinforced Concrete），Concrete 為混凝土；Reinforce 原意為加強、補強，在這裡指的是用鋼筋來加強結構，也就是在混凝土結構中加入鋼筋等強化結構的建築。RC 建築是台灣最普遍的住宅類型，造價較其它兩種低。然而，此種建築不僅很重，也常因為偷工偷料而引發種種問題，還有，鋼筋其實是不耐大火的建材，也很容易生鏽。由於 RC 結構較為剛硬、地震時位移較小，若低於 10 樓的 RC 建築可藉由牆壁結構來提高整體的剛性抗震程度，在多地震的台灣是很安全又划算的選擇。

2. SC（Steel Construction）鋼骨結構，主結構不含鋼筋與水泥，而是焊接或以螺栓接合一根根已規格化的鋼骨（Steel）。整體來說，這種建築的最大好處就是施工快速；再加上鋼骨的韌性較高，高層住宅可擁有更佳的抗震力（但搖晃程度也變大了）。當然，鋼骨也會有生鏽、不耐大火的缺點。但若對自地自建的民眾來說，造價較高應該是最大缺點；其次則是典型的玻璃帷幕外牆會讓人覺得欠缺居家感。

3. SRC（Steel-framed Reinforced Concrete）鋼骨鋼筋結構，此工法來自日本，故又有人稱為日式工法。這種建築結合鋼骨主結構與鋼筋混凝土的優點，可能是樑柱皆為鋼構骨架，樓板或牆面則由鋼筋混凝土構成；或是大樑柱為鋼骨，小樑則為鋼筋混凝土。這種建物的抗震力比 RC 好，但搖晃幅度又不會像 SC 那麼嚴重。不過，這種工法無論是施工或設計，都要比前兩者來得複雜，因此，造價也高於前兩者。

RC、SC、SRC 結構比較

類型	類型	運作原理	適用樓層高度
RC 結構	靠剛性抗震	RC 造的房子剛性較大，搖晃的位移量小。由於 RC 是較為硬脆的結構材性質，若變形力過大，RC 就會脆裂。因此需透過剪力牆或隔間牆的構造加強建築物的剛硬度，藉此運用更大的剛性，抵銷地震能量。	一般 10 層樓以下的房子
SC 結構	靠韌性抗震	主結構以鋼骨為主，不含鋼筋與水泥。由鋼骨造的房子則韌性較佳，搖晃的位移量大。和 SRC 的結構相比，搖晃感更大。	中高層建築，15 至 25 層
SRC 結構	靠韌性抗震	由鋼骨造的房子則韌性較佳，搖晃的位移量大，它的特性是靠搖晃較大幅度來抵銷地震水平利的能量，但樓層越高搖晃度越大。搖晃變形大，牆壁易裂，但主結構可保沒事。	中高層建築，15 至 25 層

圖片提供_直隸國際工程

蓋一棟建築牽涉的工種、層面甚廣，好的建築師能幫你解決大部分難題，並規劃出優美又舒適的住宅。

Q02 木屋建築的主要優缺點？

木屋的標準建材來自於養殖林場，蓋木屋其實也有助於環境保育。由於木構造屬於乾式施工，工期短，且能輕鬆地改建或擴建，造價可比一般的鋼筋混凝土建築低很多，且充滿休閒氛圍。不過，木料怕水也怕曬，需要定期維護，整棟建築隔每兩或三年要上一次保護油或刷油漆，否則在台灣的艷陽與潮濕多雨的氣候中，木頭很快就會腐朽。

還有，木料也分等級。以高級實木打造的木屋，成本也可能會超過同坪數的 RC 建築。此外，木構造雖然比 RC 或鋼骨結構來得輕，很適合山坡地；但由於台灣地震頻繁，通常還是 RC、SC 或 SRC 結構的抗震力會比較好。

Q03 蓋木屋的常見工法有哪些？

在台灣，常見的木屋工法有四大類：原木屋、框組壁式 2×4 工法、樑柱式大木結構、I-Head 構法免震木屋。

1. 原木屋（Log House）：也就是使用整根原木建造的房子，木頭本身即結構體，木頭兩面就是內壁及外壁。這是最典型、標準的木屋。由於採用疊砌的方式建造，修繕與維修管線時會比較複雜。而在選材上要達到溫溼度調節、防火、隔音等效果，則端賴木頭本身的品質。

2. 框組壁式 2×4 工法（Wood FrameConstruction）：為近年台灣常用的木屋工法，基本骨架是由 2 英吋 ×4 英吋的毛料裁切而成。這種工法乃是在外牆或內壁等處的結構骨架內填充不同材質，因此造價較低，隔音等效果也比原木來得好。其結構簡單、施工期短，變化性高可呈現多樣的建築形式，是許多人選擇的主因。

3. 樑柱式大木結構（Big Wood Frame）：大木結構是以大型的原木或集成材骨架做為結構，就好像 RC 結構的樑柱系統，以最少的構材創造最大的使用空間。而建築的荷重由樑柱支撐，不依靠承重牆，因此可取得開窗的自由度。

4. I-Head 構法免震木屋：是由在日本興建綠建築木屋多年的一条工務店所創造的高性能住宅，關鍵在於對木屋住宅的溫度、濕度、空氣品質的管理，採用無管式冷熱交換型換氣系統，並提高加強木屋的密閉及隔熱性。在耐震方面，採用構造用合板連結樑柱和一體化剛性地板，地震等外力會由建物整體六面體構造進行分散及吸收，特殊的「剛床」設計，足以承受大型地震。

建議依照自身的需求選擇適合的木屋工法。

攝影＿葉勇宏

Q04 我喜歡清水模建築的質感,它和一般的混凝土建築不同的地方是什麼?

台灣談到清水混凝土建築,應該都會想到日本建築大師安藤忠雄的作品,其實清水混凝土建築最早追溯於 19 世紀末的歐洲。一般混凝土拆模後,表面會呈現粗糙且未修飾的痕跡,通常會在混凝土表面貼磚修飾。而所謂「清水混凝土」,是指混凝土灌漿澆置完成並拆卸模板後,表面不再作任何粉飾或裝修處理(包括上漆、貼磁磚、抿石子修飾),讓混凝土表面呈現模板質感的工法,重點在「拆模後混凝土表面不作任何處理」的混凝土建築,都可以稱為清水混凝土。

而日本建築師安藤忠雄的建築牆面所留下的圓形孔洞,是一種固定模板繫件所留下的痕跡。因此透過不同模板及固定方式,清水混凝土建築其實可以有多樣的質感表現。為了要達到清水混凝土建築表面不作任何修飾的最高理想,建構一棟清水混凝土建築從材料選擇、設計到工作流程都需事先縝密規劃,同時,業主、建築師及營造廠三方面都需對清水混凝土建築有一定的認知和了解,才得以密切合作完成一件如工藝般的作品。

攝影＿蔡宗昇

水泥掌控是成就清水混凝土建築的第一步。

攝影＿Yvonne

清水模建築的外觀令許多人著迷,但真正的清水模工法難度高、且造價不菲。

4.3 施工和監工

身為建築外行，該如何確保自家的施工品質呢？是的，我們不可能靠著自學就立即搖身一變成為建築專家；但是，有些基本概念或監督原則仍是我們可以掌握的。

Q01 通常，蓋房子的營造工程有哪些流程步驟？

以目前最普遍的鋼筋混凝土、採用筏式基礎的多樓層透天來說，施工流程主要如下。

Step1

開挖打底 → 放樣 → 接地、筏式基礎排筋

基礎工程，在已經放好樣的 PC 基地上排筋。

Step2

筏基樑封模→筏基樑灌漿→筏基頂板模板→筏基→頂板排筋→筏基頂板灌漿→筏基完成

基礎工程，在已排好鋼筋筏式大底與地樑的地基進行灌漿。

Step3

一樓標準柱箍筋、牆鋼→牆內管線確認→圍牆地基完成→一樓地板模板鋼筋→一樓鋼筋模板

一樓的牆面與樑柱箍筋、上模板，準備灌漿。

Step4

一樓柱牆樓梯與二樓地板灌漿 → 一樓柱牆樓梯與二樓地板拆模、窗台灌漿缺失→二樓柱牆鋼筋模板、窗→板模支撐、板樑柱鋼筋、跑管線→（若有其他樓層，則重複「灌漿」、「拆模」等步驟）

一樓蓋好後，二樓準備進行箍筋、上板模與灌漿的階段。

二樓灌好漿，等待混凝土乾透就拆掉板模並開始蓋頂樓。

建築結構完成，拆除板模。

Step5

隔間牆土作、牆壁打底厚度放樣
→門窗框定位→室內外防水工程
→窗框窗台洩水坡度

Step6

外牆貼覆表材→內部貼覆表材→銜接內外管線

在牆壁的打底與厚度補平之後，接下來就開始安裝門窗與外牆材料貼覆。

進行室內裝修。裝修好建築物的外牆，就可拆除鷹架。

銜接水電等內外管線。

Step7

造景工程

Step8

室內裝修工程

整地、栽植樹木與草皮。

進行室內裝修。

建築體完工

Q02 聽建築師說，鋼筋混凝土建築的地基有好幾種作法。他們的優缺點各為何？

鋼筋混凝土（RC）住宅，基礎（或稱地基）通常不用開挖很深，常見的有三種作法：獨立式或聯合式、連續式、筏式。由建築師或大地、結構技師，按照土地的地質（地層軟硬與否）、建築物的結構與重量等來選用適當種類。

1. 獨立式基礎：建物重量直接透過每根柱子下方的獨立基礎板傳到土壤或岩層。有的則是一塊基礎板同時支撐兩支或兩支以上的柱子，稱為聯合基礎。此類工法快速、簡便，造價也低；但只適合土質佳且量體不大的建築，抗震性也較差。

2. 聯合基礎：柱子之間的基礎板相連成一片，透過較大的面積來平均分散整座建物的重量。可因應土質較軟的建地。但若遇到較強地震，抗震性仍不足。

3. 筏式基礎：顧名思義，基礎像筏一樣地支撐起房子。擴大基礎板的面積並強化結構，結合地樑（甚至是地下室的牆體），將整棟建物的重量均勻分散到地層。工法較有難度，造價成本較高，工期也較久。地質軟或大型建物（如社區型大樓）就要採用此種地基。自從九二一大地震之後，許多自建住宅也喜歡採用筏式基礎，因為抗震力最佳。

Q03 為何要請規劃此屋的建築師來監工？

很多人質疑，為何這棟建築物已由某位建築師規劃了，施工時還必須請他來監造？好像有「球員兼裁判」之嫌。

在工地監工的實際上有兩種人；一是營造商的工地主任，一是設計這棟建築物的建築師。若按照《建築法》的定義，前者為「監工人」，其任務是監督現場施工人員有無按照建築技術來正確地施工；工人也都聽他的命令。而後者則為「監造人」，主要責任在於監督營造廠有無按照設計藍圖來施工。

所以，建築師能幫屋主把關營造廠的施工水準、用料的規格與品質。而且，設計圖到了現場有時候會需因應實際狀況來調整；這時，由最熟悉這棟建物規劃的建築師來出面與營造團隊協調是最恰當不過的了。還有，優秀的建築師也能幫屋主事先將可能會出現的問題予以書面化，避免臨時追加工程預算或產生營造糾紛。

當然，如果你的住宅只有一層樓、面積小且造價低，或可不必由建築師監造，也無須營造廠來施工。不過，這得視各縣市政府的《建築管理自治條例》規定而定。以台北市來說，平房、屋簷高度不超過 3.5 公尺，總樓板面積 60 平方公尺內，「得免由建築師監造及營造業承造」。

建築師能協助把關施工品質，
讓夢想中的建築一步步實現。

攝影＿葉勇宏

Q04 屋主驗收自地自建的房子時，有哪些重要關鍵？

千萬不要等到完工的最後階段才來驗收！而是要在每個重大階段就要到現場親眼確認。因為，建築結構攸關居住的品質與安全，然而，結構卻是被包覆在建築表層裡。比如，鋼筋混凝土建築的結構性內容（鋼筋、水電管線等），逐層灌漿之前要來查看；否則，灌漿後它們就被包覆在水泥樓板或牆壁裡，你就看不到了。因此，屋主可在各階段施工時就以下項目進行自主檢查，若發生問題或疑慮可向建築師溝通討論。

1. 綁鋼筋：基礎結構很重要。除了要確認鋼筋的號數與品質，更要查看工人是否有照規定來綁、箍筋的間距是否太疏？若太疏，肉多骨少的結構就會支撐力不足。每個門窗的邊角或牆壁與樓板之間的轉角，鋼筋綁法都要特別注意。因為這裡最容易因為受到地震影響而拉扯；因此要加強下料，以免日後因為地震而產生裂痕。

2. 配水電管線：除要確認材質規格是否與合約相同（比如，供水管是否為保溫的不鏽鋼管，還是傳統的 PVC 管？電線管路是否為硬管還是被抽換成軟管？），還要注意管線鋪設是否正常。比如，會不會太靠近水泥表層，否則牆面或樓板日後很容易出現破損或裂痕。

3. 樓梯與地板的交接處或外牆不同樓層銜接處出現一整條細縫：此為冷縫。因為灌漿時間相距較久導致新舊混凝土塊體之間出現細縫。不影響結構安全，但要注意是否會擴大變成滲水來源。

4. 防水工程：一棟建築物的防水工程，包含了室內與外牆。整棟建物外牆與室外窗框與屋頂及室內廚房與衛浴等銜接面，必須在泥作打底之後，貼覆表材前就先作好防水層。還有，當樓板或牆面的銜接面是分批完成時，特別容易出現滲水，這些接縫處也必須加強填上防水材料。市面上有許多種防水材料，必須視不同介面來使用不同特性及耐候與濕度等，來選用不同的防水材料及施工法，絕非一種防水塗料就可塗到底。而且，外牆需要 3 天以上的晴天，等徹底乾燥後才能施工。因此，一棟房屋的防水工程，不僅會需要數種防水材料，也會在不同階段進行施工。

5. 承重牆與外牆出現 X 形交叉紋路：代表建築結構出了嚴重問題，通常不會發生在新蓋的建築。若是有發現，就有可能建築師在結構工程時並未善盡監督之責。

圖片提供＿行一建築

在各個重要工程的階段，建議屋主能親自到場監看較為安心。

6. 牆壁表面或牆體內部存有蜂窩：灌漿時，混凝土的坍度過低而無法流入此角，導致搗實不夠確實，或是板模與鋼筋之間有廢棄的寶特瓶等瓶罐，使之形成空洞。若範圍不大，且只要不是位於結構柱或承重牆上，都不會造成危險，可用水泥砂漿填補。

7. 所有的電器插座高度和材質是否符合所需：確認所有的電器插座是否都有通電，同時在陽台、露臺等區域是否使用防水開關或插座。空調、廚具的預留孔是否有確實預留，且位置和圖說一致。

Q05 蓋到一半發現營造商施工不良，偷工減料，決定終止合約，在法律上有什麼方法可以強制請對方修復偷工減料的地方嗎？

若業主已先預付施工款項，則可限期請營造商修復偷工減料的地方。

由於是營造商偷工減料或不按圖施工，導致業主不得不終止合約。若業主尚未付款的情況，且營造商尚未達成該期的施工進度，業主可不必支付當期費用，也無須請他修復偷工減料。

若業主尚未發函終止契約，且已先預支付施工款項，鑑於營造商應負得承攬人瑕疵擔保的責任（民法第 492 條～第 497 條規定參照），補正所有的施工缺失。因此業主可發函催告營造商限期趕上進度，趕工期間所增加的費用（如加班費等），也應由營造商自行吸收。若限期內未修繕完成，業主可以終止合約，並請第三人接手，並針對支付給第三人修繕的費用，向營造商求償之。

Q06 請承包商蓋房時，施工出來的和申請建照的圖不合，害我們必須重新施工，使得工期延宕，可以和營造商求償嗎？

營造商施工不當，建築師又未達到監督之責，導致施工狀況與圖不符，兩者都有責任。若合約中有遲延的懲罰條款，業主可向兩方請求連帶賠償逾期罰款（對營造商是根據工程營造合約，對建築師則是根據委託監造合約），罰款多為工程總價的千分之一至千分之三。

反之，如果建築師或營造商能夠證明「與圖不符的問題，是因業主指示所造成」，根據民法 509 條：「工作物之毀損、滅失或不能完成係因定作人供給材料之瑕疵，或指示不適當時，如非可歸責於承攬人者，承攬人可請求已服勞務之報酬。」意即，若是因業主的指示不適當，且營造商或建築師也曾向業主提出警告（此點應由營造商或建築師提出舉證），而業主仍一意孤行，造成重新施工，此時延宕的責任即應該由業主負擔之。

Chapter 2
找地蓋屋四大動機

「退休養老」、「移居」、「度假」、「民宿」……不同的生活目標、不同用途開啟的自地自建計畫，背後許多設計思維截然不同。度假屋作為體驗五二生活的基地，看重的是選地條件、生活風格的轉變，建築需求與一般住宅不太一樣；更不用說找地蓋民宿，牽扯到更多法律規定，設計細節也要更到位。本章從找地蓋屋動機出發，解析對於土地、建築設計等各方面的不同需求，並挖掘 20 個精彩個案。

1.

養老——

後半人生的慢活，開啟退休／共老生活

文、整理｜田瑜萍、黃敬翔

辛苦勞碌大半輩子，讓許多人萌生退休後換個地方、蓋一棟自己的房子過生活的渴望。退休養老的地點往往選在與都市有段距離的鄉下地區，除了享受大自然的新鮮空氣與清閒外，很多人也會開始務農，自己種點什麼。除了自己或夫妻倆蓋棟養老宅外，也有人開始與三五親友一同打造共老宅，方便互相照顧，共享晚年。

重點筆記 Key Notes

1. 以養老為目的，交通雖非買地的主要考慮因素，但醫療資源卻很重要。
2. 蓋屋兼顧機能，無論是無障礙設施規劃、電梯等都要有所考慮。
3. 做好土地環境分析，晚年住得更安心。

1.1 選地

退休後想住在什麼地方？問題的答案，也許就埋藏在過往數十年的人生經歷中。不過，如果想退休後展開務農人生，挑選土地時就有一些眉角需要特別留意。

Point 1 都市人鄉下養老，先做好心態準備

很多都市人出遊看到鄉間綠意，總是懷抱退休後可以到山明水秀的地方養老的夢想，如陶淵明採菊東籬下的鄉村生活十分愜意。但是，若非是真的很喜歡大自然，或是理解種菜與園藝是勞力工作且幾乎沒有休假時刻的人，下鄉前請先做好心理準備，整理庭院會是很大的負擔，鄉村生活有許多需要勞力工作的部分，甚至可能因為叫工不易，自己還需具備水電知識。

期望退休養老生活是悠閒步調的人可能需要三思，鄉下生活會是常打掃勞動的過程，理想與現實有所差距。到鄉間居住也是與自然界磨合的過程，屋內可能隨時有蚊蟲入侵，外面有蛙鳴就可能有蛇出沒，要是害怕這些自然界生物，可能晚上都會被昆蟲聲音吵到睡不著。長期都在都市生活的人，若是沒有調整好心態，還是不要選擇太郊區的地方養老。

Point 2 想蓋農舍從事農耕，要留意基本民生所需俱全

若想退休蓋農舍，有意從事農業耕作，挑選土地時要留意基本的民生所需一定要先俱全。先觀察四周是否有電線桿；若無，就要有心理準備另外支付電線桿的申請費用。由於農業需要用水，要特別留意土地基地附近有無充裕的水源地、灌溉溝渠等，並確認是否有產業道路可出入。如果水源來自於地下水，也要注意品質是否良好。

此外，若購買農地，建議可選擇種植果樹的旱地為佳，而非種植稻米的水耕地。由於水耕地的土質較為鬆軟，若日後要蓋農舍，必須再另外夯實，增加營造的費用。

攝影＿葉勇宏

退休後展開務農人生，是許多人的夢想。因此選地時，就首重找到適合農耕的土地。

Point 3 醫療機能別忽略，讓晚年生活有所保證

找地蓋屋作為退休之用，建議選在靠近醫療院所附近以便就診，建議車程需在 20 分鐘之內為佳。像是陳先生夫妻在南投打造的養老宅，在車程 10～20 分鐘的範圍內，就有包含南投署立醫院和南頭基督教醫院兩家大型醫院，距離最近的婦幼醫院更僅需 5 分鐘左右。

Point 4 地質環境先找專家調查，養老宅環境更舒適

養老宅不管是想蓋在山邊、海邊還是田中間，每塊基地條件不同，最好能請專業人員先調查評估整體的環境氣候條件，例如台灣東半部房子早上日照強烈，西半部反而是怕西曬，格局規劃如吃早餐的地方、生活空間的配置就需要注意對應關係。宜蘭濕度高，新竹落山風大，朝北朝南都是不一樣的處理手法。

土地的土壤狀況是否適合起建房屋，要不要加強地基？山坡邊會不會有土石滑落？海邊空氣鹽分高，建築材料若是用金屬就會有鏽蝕的問題。位於田中間的房子，要注意鄰田灌溉水源走向，以免污水排放系統混入，或是噴農藥的風向會不會飄進住家？這些看不到的眉角，若是能有專業人員事先調查清楚納入起建格局的規劃考量，會讓整體居住空間更加舒適。

Q&A 找地疑難

Q01 聽說申請蓋農舍者有條件限制，請問這是眞的嗎？據說可以採「老農配建」的方式蓋屋，是眞的嗎？

爲了避免農舍興建過於氾濫，愈來愈多人選擇買塊地自蓋住宅，也意外造成全台農地大量流失、土地被過度炒作等問題，內政部於 2015 年 9 月公佈新版的《農業用地興建農舍辦法》，申請興建農舍者，需加強認定農民資格和身份，以下 3 種人可申請興建：

1. 有心從農，且有農業生產相關佐證資料。

2. 有參加農保的農民。

3. 全民健康保險第三類被保險人者，即爲農會或水利會會員，或年滿 15 歲以上實際從事農業者。因此，若想興建農舍，需具備農民身份才行，已達到農地農用的目的。

另外，所謂的「老農配建」是指在 2000 年 1 月 28 日執行的《農業發展條例規定》之前，持有農地的自耕農，俗稱爲「老農」。由於不受新版條例規範，可享有小面積蓋農舍的條件，只要農地面積達 200 坪，就可以蓋一間樓地板總面積 20 ～ 85（20+25+30）坪的農舍。但若向老農所買的弄地上原本就已有農舍，其興建時間爲 2000 年 1 月 28 日之前，申請增建時若仍以原地主之名，則不受農業發展條例限制。但若申請增建或改建者是該日期之後的新地主，則需受限制，不僅須在該地設籍 2 年才能申請建照，且其增建面積不能超過可興建面積（農地的十分之一）。

因此，有些人不想等待 2 年之久，便會找老農的土地來興建或改建。要注意的是買賣雙方必須簽訂合約，並在合約內附註預告登記與抵押權設立，避免原地主將土地賣給第三方，或是在蓋房子途中遇到地主過世，土地繼承給子女反而反悔變賣土地的情形。

攝影＿Amily

若想在農地耕作，需確認有無水源以及是否有對外的產業道路。

Q02 想要買的農地附近有牧場，地主說只要不在下風處，空氣品質就不受影響，真的嗎？

要買的地若位於牧場附近，空氣品質多少會受影響，除了買地前必須親自到現場確認、感受外，不同季節，因為風向不同，也會影響判斷。舉例來說：台灣夏天吹南風、西南風，若牧場位於想購買的土地南方或西南方（上風處），很容易就聞到空氣中異味，但若冬天去看地，風吹的方向改變，感覺就不明顯。若真的因價格或其他條件因素想買這塊地，建議充分了解不同季節的風向及土地方位，才能做出準確的判斷。

Q03 想要買的農地沒有自來水，地主說可引山泉水，但水管需經鄰居土地，這樣可以嗎？

買地蓋屋用水是非常重要的關鍵，若沒有自來水，必須確認自己的土地有源源不絕的地下水可用，或必須自己向自來水公司申請自來水，就近接管使用。若需引山泉水來用，須確認管線是否會經過鄰居的土地，且對方是否願意開放水權讓你使用，若無法釐清這些問題，很可能會面臨無水可用的狀況，不可不慎。

Q04 如何避免買農地，卻沒有連外道路的糾紛與問題？

建議購買農地時，可觀察是否已鋪設公有道路（產業道路、縣道等），若有既成道路，較不會有問題。但若出入的道路為私人土地，則必須先和地主溝通是否能借道通行，並立下契約以保障自身權益。

Q05 魚塭地適合蓋屋嗎？在蓋屋前是否要做些地質測量或補強措施？

魚塭地通常位於非都市計畫區內，若其使用地類別為農牧用地，即可依照農業發展條例的規定，興建農舍或蓋農業設施。

魚塭地通常土質較為鬆軟，營造時要特別注意，其土質狀況須待開挖後才能確認，因此購買前最好先調查清楚周遭的土地狀況，以及詢問當地鄰居過往的使用狀況，以免買了之後卻發生不能蓋的窘境。不同的地質條件，也可選擇不一樣的蓋屋形式，若地質出現局部不穩定狀態，可以局部補強，或增設擋土牆，若大部分土質太過鬆軟，可加入混凝土補強。最好興建較簡易的建築形式，較不會有安全的疑慮。

1.2 空間規劃

退休後，待在家中的時間變得更多，舒適的退休宅更顯重要。一個住宅舒適與否的標準究竟是什麼？應當是兼顧心理與實際生活需求的。此外，考量到人老了之後，可能會有行動不便等毛病出現，預先做好無障礙空間的規劃也很重要。

Point 1 心理安全感影響動線格局

在規劃養老宅格局動線時，首要重點不是防滑、地勢平坦等硬體選項，而是應注意如何能照顧到心理狀態，讓家成為全然放鬆的舒適空間。人到一定年紀會有更多不安全感，尤其是鄉下的獨棟建築，或與鄰居家有一段距離，讓夫婦可以在居住空間中時刻感受到彼此存在，安全上能夠互相照應，意外發生時能夠即時得知，這些都是在格局規劃時要納入考量的部分。

許多一般住宅的格局規劃放到養老宅可能就不是那麼適合，例如很多獨棟建築在空間配置上會把家人房間放置在不同樓層，但養老宅可能就要改成在同一個平面，當外面有風吹草動或樓下有人，可以迅速判斷會比較安心。一般來說臥室多半希望開窗少避免干擾睡眠，但也有案例屋主希望多開窗可以得知外面動靜，很多養老宅蓋好屋主入住意願低，說是住進去感覺很恐怖，大抵都與心理安全感有關。

Point 2 預留空間與儲物規劃

養老宅起建是一筆不小的費用，建築規劃上若能把室內空間與景觀設計一併想好，預留空間給日後需求，可以大大減少裝潢與改建費用。例如養老宅因年紀大惜物，或在深山中採買不易，多半需要更大的儲藏空間，若能先規劃好儲藏室或大量的儲藏空間，不僅節省日後裝潢需加裝許多櫃體或加買櫃子的費用，也能避開行進動線上有櫃子阻擋或邊角危險，再者也能減少清理高櫃的危險與麻煩。

一般起建自宅會覺得找建築師蓋結構體，再找設計師做室內裝潢，如果建築結構體能夠先把室內會有的需求留下來，可以節省許多裝修費用，尤其鄉村養老宅規劃上更應該盡量減少室內裝修部分，因為鄉下叫工不易，維修相對困難，有些都市適用的設計放到鄉下並不適用，例如間接照明的規劃如果放到鄉下，可能就是卡了一堆蟲屍需要清理，如何能減少維修跟清理的麻煩，是養老宅規劃時容易忽略的地方。

Point 3 無障礙空間規劃，不要太多樓層

從生物學及醫學的角度，老化是生理狀態隨時間而變老的過程，是生命的自然現象，我們可透過健康管理延緩老化的速度，但人的體力是隨著年齡增加而逐漸退化，有些問題，也許現在還沒發生，但一定要替未來的自己的設想：倘若有天需要輪椅輔助，家中通道是否通暢無礙、無段差？坐下起身沒力氣站穩時，有無隨時可攙扶支撐的扶手？當蹲下彎腰越來越吃力，該如何維持住家環境整潔？

無障礙空間是養老宅容易被想到的重點，不過在日常使用上有些地方是可以透過細節的規劃也能照顧到老年生活需求。例如養老宅房間不需過多，平日生活所需盡量放在同一個平面裡，或是預留同一平面的房間供日後使用，樓層不要規劃太多，如果有超過兩層樓可能需要加裝電梯。不要使用抬高地坪區隔空間的作法，讓地坪盡量平整。此外，空間內邊角材料質感趨向溫潤避免銳角傷人，扶手的規劃也很重要，無論年紀大導致雙腿無力或日常生活中突如其來的意外都能多一點保障。

輪椅是到了人生後期都可能需要使用的輔具，盡早規劃或檢視家中動線是否便於輪椅生活，可為未來省下很多麻煩。一般輪椅約 62 ～ 68 公分，因此走道淨寬還是需要有 90 公分以上的寬度，門寬則約 75 公分寬。其實，建築物無障礙設施設計都有規範，譬如盥洗室空間應採用橫向拉門，出入口之淨寬不得小於 80 公分，建議可以參考內政部發布的《建築物無障礙設施設計規範》做更詳細的了解。

攝影＿葉勇宏

平整的地板，寬敞的走道，自然木質感的材料，室外光線進入室內不刺眼，是所有人都能感到舒服的設計。

Q&A 空間規劃疑難

Q01 一般住宅都有許多高低差的地方，容易讓長輩跌倒。打造養老宅時，應該注意哪些地方？

想讓空間有裡外區隔或層次感，有時會在地板高度做變化，如果是像臥榻或樓梯一階的高度，還比較容易注意到，最危險的是若有似無、3～5公分的這種段差最容易踢到腳而跌倒。地坪相異材質銜接處如果並非平整，而是用收邊條銜接，沒注意或分心時也會有跌倒風險，居家中要避免這樣的情況發生。住宅中容易因高低差跌倒的地方包括浴室門檻、玄關與室內的落差、陽台與室內的落差、樓梯、浴缸、淋浴間門檻等，規劃空間時可以特別留意，例如浴室門檻其實可以不要，以截水溝取代門檻，把水引至排水處，也能維持地面平整。

Q02 安全好走的樓梯應該怎麼設計？

樓梯好不好走的關鍵在踏階高度、坡度和寬度，過窄、過陡、過高都容易造成爬梯過程的危險，樓梯尺寸設計還是要從使用者出發，基本上坡度緩和加上大面積踏階，年長者走起來才舒適、安全，且寬度不宜太窄，舒適性外也保留未來加裝樓梯升降椅的彈性空間。

材質則以木地板或木紋磚等較防滑的材質為主，並在邊角處作圓弧倒角處理，增加安全性，此外，建議可在扶手下方處加裝間接光源，方便夜間辨識也不刺激雙眼。

攝影＿Yvonne

梯間有自然採光，再搭配和緩坡度及扶手，能大幅降低跌倒的風險。

Q03 退休住宅的動線規劃，怎麼做比較好？

無論身體狀況是否需要輔具，行動力都會漸漸較年輕力壯時遲緩、困難許多。因此，退休住宅的動線規劃應該以簡約為原則，盡量刪去空間中畸零角或複雜的設計，採較直覺性的簡潔動線並縮短廊道，同時以公共空間作為居家規劃的核心，透過開放式的格局規劃，不僅可保持視覺開放、放大使用空間，也能縮短到達各空間的距離，減少日後移動上的麻煩與危險。

隨著年齡愈大，對於身體的掌控力與平衡感也會變差，一個不小心就有可能發生碰撞，因此，在空間中適時地安排輔助扶手非常重要，但並不是要將家裡裝設成照護中心，而是集中設置在較長的行走動線，或是可能需要彎腰或起身的重點區域。這些扶手可以是櫃體、穩固的桌面等物件，透過結合輔助功能的生活物件，讓扶手不再像扶手。

Q04 退休住宅的採光照明設計，是否有需要注意的重點？

除了身體的使用靈活度，隨著年紀視力也會逐漸衰退，對於光線的適應敏感性降低，直視性的投射光源往往會造成很大的不適，建議以間接光源或遮光角度較大的檯燈取代，但太過昏暗的環境容易造成視覺模糊，反而容易發生意外，如何創造均亮且柔和的明亮環境，是熟齡住宅的照明設計的重點。另外也可注意：

1. 光線會影響人的情緒，熟齡宅設計盡可能引入自然採光，讓室內空間明亮。
2. 電燈開關設計為雙切，能在進入空間時把燈打開，要關上時也能就近切換。
3. 使用色彩單一、光線平穩的全波長光源，避免突如其來的亮度轉變。
4. 照明避免產生眩光，減少直射光、採用不會產生眩光的燈具、地板傢具少用易反射的材質。
5. 走廊、衛浴、廚房工作檯面及爐具上方、樓梯、床頭處，要加強照明，且需柔和不刺眼。

Q05 規劃退休住宅時，有哪些設計能讓日常生活更省力？

讓生活更省力的小細節有：

1. 座椅、沙發高度應配合使用者身高，材質需有一定的支撐力，避免坐下就陷入其中。
2. 水槽龍頭選撥桿式或感應式設計，避免握力不足經常沒關緊龍頭。
3. 高度腰部以下的櫃子，選擇抽屜式取代雙開門層板樣式，東西堆放在深處也不需蹲下費力翻找。
4. 抽屜三段式滑軌五金可讓抽屜全面拉出，方便翻找物品。

若進一步考量隨著年級漸長、行動力會逐漸下降，廚房流理台高度應該客製化設計，避免洗碗、洗菜時還得彎腰駝背。烘碗機或儲物櫃可採用升降式的設計，長輩不用伸手即可拿到高處物品。

Q06 景觀花園的設計要注意什麼？

房屋座向會影響採光和通風，進而影響到選擇植物的種類。若是蓋在都市區透天厝，有時候會被隔壁大樓擋住光線，景觀花園的日照時間短，就需考慮選擇半日照或耐陰的植物。

接著，依照喜好的風格去設計，通常有棕櫚科植物和雞蛋花為主的南洋風；以五葉松、杜鵑和循環式流水的和式庭院；以及以尖塔型樹種和草花為主的歐風花園，建議風格需和建築物外觀相互搭配。在選搭樹種時，會依照腹地大小安排植物的層次高低，通常會有一棵主要的景觀樹，搭配次高的樹種和盆花循序漸降。同時也要考慮從室內往外的視覺動線，安排窗景的植物層次，引進戶外的綠意。

自地自建時，可以考慮安排庭院，同時擁有開闊視野、陽光與綠意，再搭配上一張舒適、穩固的椅子，就算身體狀況已不能常到外頭走動，也能放鬆。

CASE
STUDY
01

養老宅
新居宅
度假宅
民宿

座落地點／台東縣知本鄉

向山田綠意借景，
學習「慢」的生活思維

一段台東的短居，牽起了屋主與這塊土地的因緣，東部的自然山海喚起了屋主靈魂深處的嚮往，
於是決定退休後離開擁擠的都市前往台東。欲享受東部的慢生活，必須完全拋棄來自都市的觀念，
建屋的過程中，屋主同時也學習適應當地的生活精神。

撰文＿賴姿穎　攝影＿徐佳銘　圖片提供＿行一建築

圖片提供＿行一建築

Data	
屋主	洪先生夫妻、小孩 ×2，共 4 人
基地狀況	農地
土地總面積	916 坪
房屋建地面積	84 坪
樓層總坪數	84 坪
格局	廚房、餐廳、客廳、書房、主臥、次臥、浴室、洗衣間、玄關、中庭
建材	建築外牆／塗料、鋁窗、金屬、實木 室內空間／實木、塗料、水泥粉光
結構	RC 鋼筋混凝土
建造耗時	約 2 年 4 個月
完工日	2017 年 7 月

Cost	
總價	NT. 1,000 萬元

　　台東的慢生活是近年許多都市人的嚮往，一望無際的藍天、曠野、海水隨處可見，在這樣條件優渥的自然環境中，一棟單層建築伏地而建，貼吻大地的身姿像是對自然的崇仰。建築內外的廊道密切聯繫著周圍風景，只要開啟門窗，在室內不僅能享受無邊的美景，還能聞到海水的氣味，感受風的吹拂、陽光的明朗，讓五感盡情徜徉於其中。

異地旅居的經驗，開啟新的生活想像

　　過慣了城市生活，在快速便捷中披戴著某種倦怠，窗外重重的水泥叢林縮限了天空的面積，對於生活的風景似乎失去了想像。偶然的一趟台東出差短居，讓生性樸實知足的屋主種下了對於生活新的期待，開始有了退休後自地自建的夢想，並且打定主意選地台東。

　　選擇這塊地很重要的因素是周遭沒有房子，屋主不喜歡鄰著大街生活，相對來說離鎮上較遠，但到火車站約十幾分鐘。透過朋友的引薦，屋主找到了行一建築，就如同一般人對於生活的基本需求，整體的設計圍繞著家的架構，但透過屋主本身的氣質，加上環境的特性，藉由建築師的手不斷發酵與發展，讓建築有了自己的生命力與個性。

1. 建築外觀服貼大地，利用純樸的材料建構單層住宅，僅向大地取用足夠的空間，是一種尊重山林的設計。

2. 特別做架高處理，可以幫助建築通風，以及讓氣流帶走濕氣。

3. 行走在建築中，可以感受到每條廊道不同的亮度，透過進光量的控制，達到空間中的陰翳美學。廊道同時也可以作為一種記憶展示，擺上業主的收藏品，讓空間更有獨特的個性。

4. 除了鋁門窗，建築中使用了許多木門，讓混凝土牆面多了一些溫馨的色調，每一幅乾淨的端景都是與自然純粹的連結。

提升生活品質，首先學習與自然共處

「自然」是建築師提出的設計基本核心，盡可能不叨擾周遭的自然風景，利用簡樸的材料融入當地，以最少的裝潢減輕環境負擔，摒除圍籬的界線，亦是呼應在地生活型態。多次溝通後，屋主放棄了容積率的考量，僅創造出三代都夠用的空間，沒有挑高、沒有往上蓋的樓層，生活的品質貴在眼前的良景，而非建築本身的量體大小，讓建築體以謙卑的姿態蟄伏於天地之間，新的生活從尊重自然開始。

整體建築像是傳統的三合院，內庭是與家人相處的隱私空間，隨處放置一張椅子，就能在山田美景中享受一杯咖啡、閱讀一本好書；外庭則是一側面山、一側面海的天然景觀，基地的庭園甚至不做任何人工造景，保留了原始的茵茵綠草，這樣的處理在大面積的土地上更爲合適，屋主入住後便開始在庭園中隨興種植喜愛的作物，田園時光顯得恬意自在。

外觀象徵山坡的屋頂、符合天空調色的白漆、實木的暖色調，內外材料具有一致性，室內保留混凝土的自然紋理，原始粗曠又耐看，用空間的本質回應這塊土地。其餘的則是以軟裝點綴，也期待往後佈滿歲月的痕跡，因爲家就是一個提供收藏回憶的空間，各種物品會堆疊出屬於家的溫度。

不只是蓋友善環境的房子，也向大地學習生活

廊道是這棟建築連接戶外景致的重要橋梁，不僅是沿著建築輪廓，跟隨著屋簷分布，建築內也有連接公私領域的廊道，或享有雙側落地窗引入的日光沐浴，或篩入少量光線營造寧靜感。廊道很自然地引領著室內的人走向室外，氣流透過兩個面向的開窗流通，也讓陽光、海水的氣味流通，讓建築與土地持續互動。

退休後的日子透過建築有了具體的圖象，連屋主的女兒一家人也隨著工作移居台東，父女兩人皆因東海岸的工作與台東有了密不可分的連結。捨棄了在都市生活習慣的思維，如沒有圍地的設置，由於台東良好的治安，以及遼闊的原野中較少隱私顧慮，讓圍牆形同虛設，不如破除藩籬，拉近與大地的距離，呈現生活最簡單的需求，一掃從前在都市的煩憂與疾步，緩下腳步感受在台東的慢生活，放開心胸擁抱這片土地的美。

5 周邊的土地不做人工造景，保留初始的樣貌是最合乎自然的設計，屋主在這片土地上享受種植的樂趣，圖為屋主摘取仙桃。

6. 使用的材料十分簡單，主要是混凝土、原木、鐵鋁件、玻璃，臥室門的手把甚至是使用當地可得的漂流木把手，多了一分趣味性。

7. 除了屋內廊道，屋外也有環繞的廊道，屋頂延伸出屋簷，保護室內不受風雨影響，隨意擺張椅子即可享受閒散的時光，好不快活！

8. 建築中的每個空間都與戶外連結，夜晚有廣闊的星空陪伴入睡，早晨則是被陽光綠野喚醒，生活時時與自然互動。

9. 中庭的設計是業主喜歡的三合院概念，也是室內公領域的延伸，中間種植樹葡萄，與外圍的綠意呼應。

10. 臥室的廊道設計爲進光量少的細長窗格，也暗示睡眠區塊，陽光透過玻璃投射出光影，讓生活的細節增添趣味。

11. 室內空間沒有繁複的裝潢，讓軟件形塑每個空間不同的機能，門扉看出去的風景就是最美的裝飾。

12. 連接公私領域的廊道設計爲進光量十分充足的空間，隨時能推開門走到戶外，行走時也能享受視野廣闊的戶外景觀。

Q1 這棟建築全然擁抱自然，但如何透過設計抵禦當地天候？

A 低矮的建築體與弧形的天花板能引導風，雙側開窗有助於室內引流，熱空氣從上層氣窗排出，冷空氣便能進來促進循環。本建築距離山與海都很近，架高的設計可保持建築體本身的乾燥，讓風把濕氣帶走，下雨時廊道上有屋簷遮擋，避免影響室內開窗通風。窗戶旁搭的實木格柵是可推拉的，除了美觀，也能在強颱來臨時防止斷掉的枝枒損毀玻璃窗。

量體做連接，也形塑出中庭的空間，帶領屋主感受新的生活體驗。設計一棟建築，同時也必須將未來 30 年的變動考慮進去，因此讓空間有某些自由度可供日後調整，也是設計中重要的一環。

1／養老──後半人生的慢活，開啟退休／共老生活

Q2 室內空間的配置如何做配置？

A 本建築由兩個主要量體相對而列，一為公共區域，包含廚房、客廳與工作室，寬闊的空間提供家人相處的時光；另一座則是三間臥室與洗浴空間，私領域劃出了一條進光亮少的廊道，拉出距離阻隔噪音，創造寧靜的睡眠區塊。室內透過廊道讓兩個

DESIGNER

彭文苑／行一建築
02-2746-8716 ／台北市松山區新中街 2 巷 9 號
press@yuanarch.com ／ yuanarch.com

CASE
STUDY

02

養老宅
新居宅
度假宅
民宿

座落地點／新竹縣寶山鄉

隱身竹林樹梢，
享受園藝種植、好友共聚的退休生活

迎晨曦耕種，與姊妹淘一起下廚，陳先生夫妻的退休生活回歸自我。貼合地形的不規則量體將生活空間串連起來，預先調查環境氣候的用心，成就了退休生活美好舒服的每一天。

撰文＿ 田瑜萍　圖片提供＿和光接物環境建築設計　攝影＿和光接物環境建築設計、鍾維

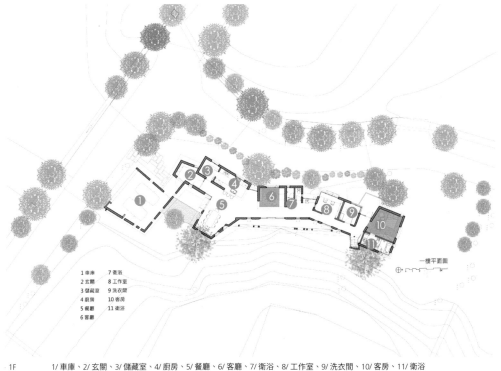

1 車庫　7 衛浴
2 玄關　8 工作室
3 儲藏室　9 洗衣間
4 廚房　10 客房
5 餐廳　11 衛浴
6 客廳

一樓平面圖

1F　1/ 車庫、2/ 玄關、3/ 儲藏室、4/ 廚房、5/ 餐廳、6/ 客廳、7/ 衛浴、8/ 工作室、9/ 洗衣間、10/ 客房、11/ 衛浴

Data	
屋主	陳先生夫婦
基地狀況	農地
土地總面積	2531 ㎡
房屋建地面積	198.69 ㎡
樓層總坪數	230.27 ㎡
格局	1F ／車庫、餐廳、客廳、儲藏室、書房、洗衣房、客房 2F ／主臥室、主臥衛浴、屋頂露臺
建材	建築外牆／抿石子、水泥粉光、清水面磚、塗料、柳杉實木 室內空間／石英磚、超耐磨木地板、海島型木地板、馬賽克磚、不鏽鋼欄杆
結構	RC 鋼筋混凝土
建造耗時	2 年 8 個月
完工日	2018 年 10 月

Cost	
總價	NT. 1,600 萬元

　　倚著寶山水庫西側的小型山坡社區裡，南北延伸的狹長錯落量體建築，沿著地形蜿蜒隱身其中，是屋主陳先生夫婦為老年生活規劃的溫馨家園。兩人早就想好不與孩子們同住，科技業退休的陳先生想一圓園藝種植夢想，陳太太則希望與姊妹淘以及三五好友一同下廚天南地北，而這棟原先不在他們想像中的建築，完美詮釋了他們理想中美好的退休生活。

安全常住，養老選地重點

　　陳太太開始規劃起建養老宅時，汲取許多朋友經驗做為借鏡，深山中地價便宜但路途遙遠，舟車勞頓常打消前往念頭，久無人居的房子每次去都得先從打掃開始，週而復始更加磨損居住意願。不常有人在的房子又容易成為偷兒目標，久久去一次發現電器被偷、值錢鐵窗被拆走，電線被拔走，讓陳太太體驗到安全重要性。

　　此塊基地雖然價錢較貴，但離原來住家開車僅 10 多分鐘，增加常住機會，又是社區型態入口有鐵門把守，附近也會有警察巡邏，大大增加安全感，決定將這塊面山谷的土地買下，作為養老宅基地。

1. 沿社區道路的牆面以農村常見的紅磚白牆展現。

2. 建物興建時不破壞原生竹林，兼有保護隱私作用。

3. 屋主的退休生活就是邀請三五好友一起用餐聊天。

4. 屋頂設有階梯座椅，天晴時在此安坐飽覽山谷風景。

5. 主臥設在二樓讓屋主推窗即見滿眼綠意。

在社區鄰居介紹的營造廠牽線下，陳先生夫婦認識了黃介二建築師，兩人特地去參觀黃介二過去的起建案例，很喜歡他將建築融入環境，同時順應當地氣候，讓居住空間非常舒適放鬆的設計手法。陳太太原本想像自己可以擁有一棟南歐拱廊風格的建築，理工出身的陳先生則非常務實地自己拼組出一棟理想中方正格局的房屋模型給建築師參考，卻被黃介二提出的第三種設計模型說服。

基地東側雖有面積較平整，由河道沖刷帶來的肥沃土地，卻也有可能因目前極端氣候有淹水可能，基於安全考量，房子選擇建在西側高地。這棟不規則量體在意與環境接觸的表現姿態，刻意把常見的方正量體碎化，透過竹林跟樹木把房子隱藏於山林間，還給山坡原本的自然景觀。

不張揚，還風景於山林

東向立面選擇新竹當地的國產木材柳杉實木，加上細長窗及鋼柱，屋頂板傾斜起伏模仿著後方山勢走勢，伴隨基地原有的原生竹林融入後方山林。臨社區道路的房屋西側，使用紅磚白牆作為壁面，紅磚是古人隔熱智慧，仿若鄉下常見的村落型態，不張揚炫耀自己的美麗，把風景還給這一片山林谷地。

解說完當下，陳先生夫婦立刻選擇這個破壞環境最少的建築格局，陳太太笑說，正因為他們夫妻是建築外行，無法想到這麼別緻的設計，既然認同建築師理念，當然就是要尊重專業。

除了調查風向與環境氣候來確立開窗方式與位置，起建前還先找來水土保持技師測量邊坡是否有滑動可能。入口玄關處增設紗門阻絕小黑蚊入侵，是順應環境的設計智慧。廚房餐廳放在入口後坪數最大的位置，讓陳太太可以開心和姊妹淘一起在廚房做菜，跟好友餐桌聊天，而少話的陳先生唯一需求，就是希望能從房間看到自己親手種植的作物，因此把主臥放在二樓，開窗滿眼皆是迎著陽光生長的綠意。

陳太太說：「這個房子不是搶眼的建築，卻非常耐看，進到這個空間非常放鬆，整個人心平氣和，不管是開窗位置，動線格局都非常舒服，這就是好設計無形的力量。尤其黃建築師在規劃時已經把生活機能都納入考量，讓我們不需要再做複雜的室內裝潢，來增加生活機能與舒適度，相對來說也省了一大筆費用。這個由我們、建築師與營造廠三方合作創造出的美麗作品，真的讓我們很有成就感。」

6. 屋頂可躺下觀月賞星，拉近與天地的距離。

7. 透過水池拉開與馬路的距離，保有室內隱私。

8+9.將戶外紅磚、木條的設計概念延續到室內統一調性。
10.東向立面選擇新竹當地的國產木材柳杉實木融入地景。

Q1 為何選擇用不規則量體打造建築？

A 設計不是蓋完一個房子就好，還要能成就大環境，若這個山谷出現過多不考慮環境，而只彰顯自己外觀的建築量體，整體環境景觀就會被破壞。順應地形寬窄去扭轉擺放出不規則量體，再用木頭的自然材質作為立面，保留基地的兩塊竹林，形成一棟與環境融合的有機建築，相較一般建築成本相對較高，施工較為困難，量體有很多角度讓放樣無法一次達到精準，後來利用３Ｄ抓座標高度來協助定位，終於順利完成放樣起建。

生夫婦的客人都很喜歡上屋頂，印象深刻的是屋主快 90 歲的姑婆也很興奮的往上跑，反而一點都不怕高。

１／養老——後半人生的慢活，開啟退休／共老生活

Q2 為何想打造一個可以爬上去休息的屋頂？這個設計的成效如何？

A 處理住宅空間時，我希望屋主與賓客也能體會外部空間的美好，就像是窗戶開口是用設想好看出去的風景來決定位置。屋主在參觀我的其他案例後，要求也要有一個可以上去的屋頂，可以躺著仰望星空，也能坐在階梯上飽覽山谷風景，完成後陳先

DESIGNER

黃介二／和光接物環境建築設計
06-2131337 ／台南市中西區開山路 235 巷 19 號
harmonydesigntw@gmail.com
www.harmony-design.com.tw

CASE
STUDY
03

養老宅
新居宅
度假宅
民宿

座落地點／宜蘭縣員山鄉

與摯友相伴，
加速退休的田園居所

「好久沒有這麼好睡了」屋主等不及工程收尾就搬入這棟新屋，連帶著提前了退休規劃，放手讓二代接班，一拋長久以來肩上的工作重擔，每晚都能安心睡一頓好覺，對於未來隱入田園的生活，充滿安詳喜悅的盼望。

撰文＿賴姿穎　圖片提供＿無有建築　攝影＿ Yi-Hsien Lee and Associates YHLAA

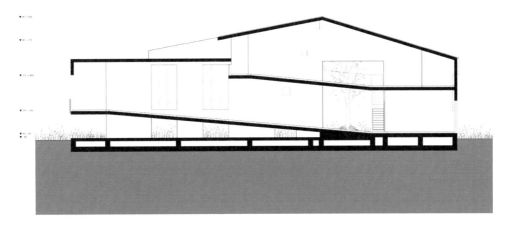

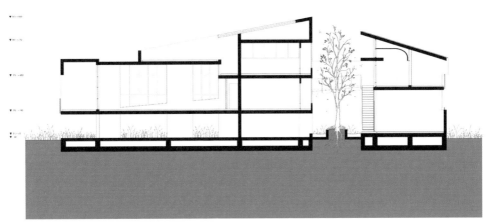

Data			Cost	
屋主	夫妻		總價	NT. 2,000 萬元
基地狀況	農地			
土地總面積	756 坪			
房屋建地面積	75 坪			
樓層總坪數	150 坪			
格局	3 層錯層			
建材	建築外牆／粗礦清水模 室內空間／礦物塗料			
結構	鋼筋混凝土板牆結構			
建造耗時	約 3 年			
完工日	2021 年			

　　嚮往田園生活的屋主，爲自己選擇了宜蘭作爲退休居所，蘭陽平原上的員山鄉是一處美景環繞的區域，相對來說距離海比較遠，受颱風的侵擾較小，氣候加上土壤擁有好的條件種植作物。最重要的是，老友居住在同一個區域，不僅能彼此陪伴也互相照應，退休的點滴時光中，有摯友相伴是何等幸運，相互串門喝茶，閒聊農事日常，一同踏足賞景，這是與子孫同樂之外不同的人生趣味。

1. 建築外觀使用好保養的粗曠清水模，質樸的外觀融入當地景色，使用不過於雕飾的材料是無有建築的設計哲學。

2. 此區域為佛堂，能看見錯層結構創造出視覺上的豐富層次，光影也有許多趣味的變化，簡約的設計提供日後的彈性使用。

3. 錯層的結構為視覺帶來了趣味感，從不同的角度能與戶外的青山、藍天互動，處處都是美麗的框景。

4. 利用錯層空間的特性，將開窗拉高，便能看見在不同樓層家人的動態，廚房的四周正好是行走的路徑，使空間與人產生很多有趣的互動。

擁有共同的建造理想，以樸實設計回應山川大地

蓋房子是攸關日後幾十年的人生大事，屋主透過熟人牽線找到無有建築，了解他們的作品後，對於建築師的設計哲學有所認同。雙方在建設的過程中互相有個默契，不急躁進行，按部就班解決所有難題，如因應多雨氣候而拉長的工期，或是對於材料品質的講求需由外地運送進來等，不疾不徐，讓建築量體逐漸形成應有的面貌。

無有建築善於運用樸素不過多加工的材料做設計，比起較細緻難養護的樣貌，粗曠的清水模外觀更符合使用上的需求，完成的外觀就如同早已存在的建築一般，佇立於基地中，並融入周遭環境。隨著歲月流淌，建築外觀會因日曬雨淋有不同表情，甚至留下時間的痕跡。室內壁材不追求奢華的裝飾，樸質的塗料提供最佳的視覺感受去乘載日常氛圍，如同這塊大地的簡單樸實，建築內外本身也運用材料做回應。

建築量體特別設計爲雙層殼的結構，作爲因應宜蘭多雨的氣候。外殼直接與陽光、空氣、風、水接觸，將因時間而更顯魅力，隔著過渡的廊道是內層牆，由於外部受到保護，能維持乾爽的濕度，以及有恆溫的效果，有助於節約能源。兩層殼都是鋼筋混凝土建成，因此強壯耐震，讓建築能佇立於多個世代。無有建築團隊十分擅長運用單個設計概念，一次性回應多個問題，如耐候、美觀、融入環境等等。

漫步在長長的廊道上，用心感受錯層建築的日常

在空間配置上有別於一般認知，隨著廊道與天井往上攀旋，樓層以半層的高度逐步升高，創造出建築錯層的豐富視覺性。一樓空間大部分保持通風空曠，讓農事活動運用此區，車庫挑高並保留燈光電源配置，以備日後彈性使用，如改建爲教室或工作空間。生活空間從二樓開始，佛堂、廚房、起居室到第三層樓是隱私性較高的臥室空間，室內的空間對外與自然景觀有互動，對內是水池植樹天井，凝鍊著建築與人文的互動情懷。

錯層建築中的廊道是靈魂軸線，拉長了到達每個空間的距離，使人放慢生活，以身心體驗儀式感的步行。家人的動態能透過空間中的透明窗門看見身影移動，如廚房四周圍繞著高高低低的窗扇，能看見孩子從上方的私領域，沿途繞著廚房的外牆移動，斷斷續續的身影出現在每扇窗門中，形成有趣的遠離又接近、直接和間接的狀態，也讓人思考家人關係之間的距離是時時處於動態的變化。坡道長廊取代屋主想設置電梯的想法，符合無障礙坡道法規鋪設，戶外整齊排列紅色地磚，室內則是用同樣偏紅色系的雞翅木實木地板，暗示地坪與內外的區分。

自地自建提供給自己與家人一個新生活方式的提案，提高生活品質，不囿限於選址，也不拘泥於普遍建築的架構，讓空間的形式帶領著感官看向不同的風景，日常的每個移動都能充滿多義性。

5. 一樓空間保持寬敞與通風，部分農事活動可以在此進行，空間中設有電源裝置，保持不同需求的彈性使用。

6+7. 建築中的廊道，從一樓入口延伸到三樓，或明或暗，或收或放，漫步其中感受生活的儀式感。

8. 選址宜蘭員山鄉，周邊環境盡是青山綠水，適合種植農作物，讓喜愛花花草草的屋主十分傾心。

9. 建築中有一個水池樹栽，爲錯層的每個空間帶來了生命力，每每望向窗扉，無論建築內外都是盎然綠意。天井也凝聚每個空間的情感，爲彼此拉出一段可視的距離。

10. 對無有建築來說，風水就像是一種環境科學，因此都會加入建築設計中做考量，本案建築內外的水景也是風水的一環。

10

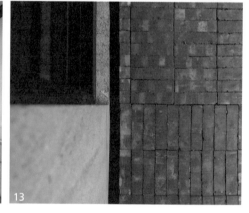

11. 紅磚廊道是建築中的靈魂軸線，串起一個又一個生活空間，行走的過程能不斷感受光影的變化，輕盈的鐵件扶手樣式不阻擋綠意的延伸。

12. 室內不做過多的壁飾，僅以軟裝點綴，保留簡約的空間感，借戶外的景來妝點室內才是一大亮點。

13. 所有的行走廊道皆以紅磚鋪設，每一塊紅磚的大小不一，因此工匠們花費許多心思才將紅磚排列整齊。

Q1 建造過程中如何適應農地法規？

A 中央有一套使用農地蓋農舍的基本標準，而不同的鄉鎮市又有不同的細則辦法，因此在購買前須先詳細了解當地法規。本案是依照最嚴格的規範去建造，以保護農地面積，業主便能在足夠的區域中規劃耕地。另外，農舍依法規需靠著馬路建造，因此在相鄰的兩條道路上盡量選擇坐北朝南的方位，讓東邊的陽光能進到空間中，物理上須有效防止西曬。

Q2 如何保有屋主的隱私，同時保有周遭美景的視野？

A 本案的環境優美，設下實體的圍籬牆不是上策，因此利用有視覺穿透性的材料做設計，以及具現代美感的建築體本身也能成為圈地圍籬的一部份，面對道路的外牆減少開窗，讓窗扇面向庭院內側。此外，將生活空間往上移也是保護隱私的一種策略，同時可以減少受到外圍地面環境的影響，也能欣賞原野美景，錯層的結構較不易對應到一般規劃的樓層，越往高處，就是隱私性較高的臥室區。

DESIGNER

劉冠宏／無有建築
02-27566156 ／台北市中山區通北街 31 巷 22 弄 2 號
hom@woo-yo.com ／ architecture.woo-yo.com

CASE
STUDY
04

養老宅
新居宅
度假宅
民宿

圖片提供＿心南空建築室

座落地點／南投縣名間鄉

年少夢想終於實現，
與自然緊緊相依、安享晚年

蓋房子，是陳大哥從小的夢想。在辛苦工作了數十年後，陳大哥和陳大嫂選擇回到渴望已久的鄉野，讓生活與自然緊緊相依，一圓潛藏心中許久的田園夢。

文＿鍾侑玲　攝影＿ Yvonne、Amily　圖片提供＿ i² 研究建築室

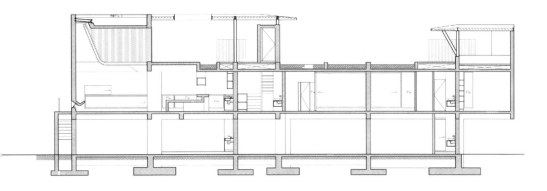

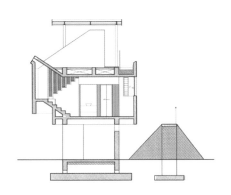

圖片提供＿ i² 研究建築室

Data	
屋主	陳先生夫妻、小孩 ×1，共 3 人
基地狀況	農地
土地總面積	1,600 坪
房屋建地面積	66.55 坪
樓層總坪數	142 坪
格局	1F ／冷泡池、起居室、客房 ×2、衛浴 ×2 2F ／玄關、客廳、餐廳、廚房、臥房 ×3、衛浴 ×3、一字型迴廊、陽台 3F ／禪修室、設備間、半開放泡澡池、屋頂植栽
建材	建築外牆／清水模板、耐候性塗料 室內空間／大理石地板、板岩磚、木地板、鋁窗框、鋼框實木門
結構	RC 鋼筋混凝土
建造耗時	1 年 6 個月
完工日	2011 年 12 月

Cost	
建築工程	NT. 1,000 萬元
水電工程	NT. 85 萬元
景觀工程	NT. 35 萬元
傢具家飾	NT. 20 ～ 30 萬元
廚具設備	NT. 20 萬元
衛浴設備	NT. 20 萬元
雜項費用	NT. 10 幾萬元
土地總額	NT. 1,000 萬元
總價	NT. 2,200 萬元

1

　　南下名間交流道，沒多久時間，就在阡陌的田野中，發現這棟造型特殊的房子。建築由清水模打造的長型結構，回應遠方的綿延長山；把主要的活動空間規劃在二樓，底層則內縮一點，讓整棟房子像一艘船漂浮在綠草如茵的小丘上，雖說是一棟住宅，卻更像一件藝術作品。

　　這兒是陳大哥和陳大嫂退休生活後的家，屋主陳大哥原是彰化人，從 9 歲開始舉家搬遷至台北後，一住就是 30、40 個年頭。在年屆退休之際，陳大哥像許多住膩了都市的人一樣，選擇回到嚮往已久的鄉野，買一塊地，蓋一間理想中的房子，院子裡種滿自己喜歡的林木作物，日子雖然沒有過往的五光十色，卻是十足悠閒和愜意，穿梭在草木扶疏的庭院，他爽朗地笑說：「都市住怕了，回到鄉下的感覺真好！」

年屆退休之際，重拾年少時的夢想

　　提起蓋房子，陳大哥提到，這是自己從小的夢想。但這個夢想了很久，卻直到民國 94 年，眼見自己年紀漸長，也有了一定積蓄，是時候該為未來的退休生活做準備，55 歲的他決定重拾當初的夢想，花費一年多的時間，積極看地和找地，好不容易找到這塊鄰近國家濕地的農地，做為自己和陳大嫂退休後的永久居所。

圖片提供＿下研究建築室

攝影＿Yvonne

攝影＿Yvonne

1. 以清水混凝土塑造一棟獨樹一格的房子，宛如船體的建築結構，1樓較2樓略縮一點，讓房子看起來就像浮在草地上。

2. 除了大門玄關以外，在建築的南端規劃通往後院的樓梯，這道樓梯連接室內客廳，節省來往進出的時間。

3. 二樓凸出一座戶外陽台，冬天的早晨坐在那兒曬曬太陽，感覺格外舒服。

4. 混凝土脫膜時，在表面產生水波紋，無心之下的設計，讓混凝土製成的房子看來輕盈不厚重。

他提到：「一開始我本來是要去看中寮的一塊地，結果沒看中，那個仲介就說，他在南投還有一塊地，問我想不想去看一下。我想說既然順路就去看一下也不錯，結果就看到這個地方，覺得很不錯，三十分鐘內就說，那我們來簽約吧！」但究竟是什麼樣的吸引力，讓夫妻倆一眼就決定買下這塊土地？除了純淨的田園風光，鄰近大型醫療資源和地底湧出的天然冷泉，也是考慮的重點因素。

在後院的角落申請開一口井，引入純淨的天然泉水，提供居家的主要用水，也流入庭院中形成一座活水池塘，受泉水終年恆溫 21℃ 的特性影響。冬天，冰冷的水氣會在湖面浮起清煙薄霧的淡淡美景；夏季，則可以調節日照高溫，當晚風掠過湖面吹入室內，感覺起來格外涼爽，「有的時候，晚上睡覺還會覺得冷哩！」陳大哥說。

生活簡單、自然就好

從都市回到鄉下，個性質樸的陳大哥和陳大嫂認為，生活其實簡單就很好。不用太多的裝飾，沒有炫麗的設計，在鋼筋混凝土打造的房子裡，內外簡單塗上防水塗料後，就不再油漆或貼磚，讓建材原色傳遞一家人低調個性。因為混凝土自身的氣孔沒有被封死，空間仍能夠自然「呼吸」，有效調節內部溫度和濕度。建築面朝南北向，雖有日照西曬的問題，但聰明的在日照面種滿一整排樹，率先過濾掉大部分的陽光。同時適度拉低同側的窗戶高度，利用一排低窗盡量將陽光阻隔在外，還能看見庭院的綠影搖曳，加上前後良好的通風設計，即便沒有規劃空調，夏天依舊清風徐徐，涼爽不已。

因為決定要生活在大自然裡面，他們選擇把大半空間都留給自然，在高達 1,600 多坪的農地上，房屋建地卻還不到 70 坪，陳大哥解釋：「徐老師（建築師）當初設計的意思就是希望我們要多往外面走，不要一直待在房子裡面，所以像房間就是單純睡覺用的，不需要放太多東西，小間小間的，躺下來就睡覺了。」

在這裡，陳大哥喜歡種樹，陳大嫂喜歡種菜，有了寬廣的庭園後，過去在台北沒有地方種的，現在終於可以想種什麼就種什麼，扶桑、紅竹、大葉欖仁、小葉欖仁，甚至還有兩棵高聳的椰子樹。陳大哥說，除了自己種樹之外，茂密的樹林吸引前來休憩的小鳥，往往也會幫忙「播種」，像是屋頂上的鼠尾草，或是某年的夏天長滿半片山坡的絲瓜田，經常都讓生活驚喜連連。

漫步在碎石子鋪成的步道上，一邊巡視每一株草木，散步、吹風或是輕鬆的在樹下泡茶聊天，這是兩人每天最常做的事情。陳大哥說：「年輕的時候總是在想以後我如果有一棟房子的話，不知道會有多開心。」築夢的過程雖然漫長，但現在，夢想終於實現了，他臉上有著顯而易見的滿足，說道：「築夢的感覺真好！」

攝影＿Yvonne

攝影＿Yvonne

攝影＿Yvonne

攝影＿Amily

5. 禪修室形狀宛如船頭，呼應「船型屋」的概念；光線穿透格柵照射到牆上，呈現特殊雙重格影的效果。

6. 客廳配合禪修室前端的斜板設計做局部挑高，控制光線進入室內；壁面增開幾道細孔，能加強空氣流通。

7. 一樓冷泡池引入終年恆溫 21℃的天然冷泉，冬季不冷，夏季更清涼。

8. 玄關處利用多餘碎石子，貼心設計一道落塵處，在庭院散步回來，就能輕鬆去除沾附的泥土雜草。

9　攝影＿Yvonne

10　攝影＿Amily

11　攝影＿Yvonne

9. 客廳利用大理石牆回應清水模的灰，也讓室內建材
的紋理不會太像；西側的整排低窗，解決陽光西曬
的困擾，也能看見庭院的樹影搖曳。

10. 和整體建築一併完成水泥灌漿的餐桌和吧檯，將混
凝土元素延伸到傢具設計。

11. 建築尾端的客房擺設同樣簡單，同步利用可調式拉
窗和地面鋼構底板，促進室內冷熱空氣、高低壓的
對流循環。

Q1 讓房子看起來就像一艘船，這樣設計的用意是？

A 以退休爲目的，屋主希望這棟房屋可以一路住到老，於是把樓層提高的二樓，讓它至少具有一定的防衛性。建築的形狀則是呼應遠處山脈的水平長帶，同時也配合基地鄰近國家濕地，地勢較低又特別靠近地下水層的特性，以「水」爲發想，打造整體「船型屋」的概念；地基抬高約 70 公分，讓建築體距離地下水位有一定高度，以加強建築結構的長效性和安全性，也有效隔離地面濕氣，讓空間住起來更加舒適健康。

Q2 二樓起居空間特別設計一道一字形迴廊，規劃的用意是？

A 簡潔的一字形迴廊像船艙一樣，可以讓全家人一出房間就在這邊碰面。同時，它也等於一條風廊，夏天時，冷空氣就可以從這裡進來，熱空氣則流往側向迴廊的管道間整個排出。即使風量不夠的時候，走廊的端點或側向迴廊的管道間上方，也都設

攝影＿＿Amily

有機械通風的風扇，可以利用這些設備來把熱空氣帶走，以達到通風降溫的效果。此外，天花雙層的屋頂板，能阻隔上方熱氣不會進到屋內，長型的玻璃窗面朝東向，但是中午前就沒有太陽直射進來，並不會太熱。

Q3 如何運用素材，打造樂活無毒的環境？

A 將大量木頭材質應用到傢具、櫃體和地坪規劃，並自行購買二樓廊道的橡木實木地板，請熟識煙燻場進行煙燻處理後，表面不再上漆或是添加化學藥物，讓空間更加健康。但考慮室內的整體感官溫度，客、餐廳改以大理石做爲壁、地面的主要建材，讓大理石的冷去中和木色的暖，也呼應戶外的石材元素。

Q4 利用頂樓空間規劃一間禪修室，整體設計的概念是？

A 頂樓禪修室的形狀像船頭一樣，讓下方客廳的挑高空間，可以稍微變大一點，上方愈來愈窄，形成類似葫蘆嘴的錐形光器，控制光線不要進來得太多，也隨不同季節變遷製造光影變化。同時，因爲外在風景已經看得太多，利用兩側實木格柵適度切割戶外風景，形成一個半回絕的空間，也隱含著讓人往裡面、往「內心」看的意涵；當光線隨著日出日落改變角度，直接從影子跑動位置就可以知道時間。

攝影＿＿Yvonne

DESIGNER

徐純一／i² 建築研究室
04-2652-8552／台中市龍井區藝術南街 30 號
studio@1-archi.com

座落地點／南投市

遠於都市塵囂，
果樹與茶園簇擁下的自在半山生活

屋主王先生個性開朗，即使已到退休年齡仍沒閒下來，平時早起忙著整理農務和公會事務，在長輩留下來的農地蓋一棟期待的退休住宅，希望建築蓋好後慢慢朝向自給自足的山野生活。

文＿陳佳歆　攝影＿蔡宗昇　圖片提供＿ YHS DESIGN 設計事業

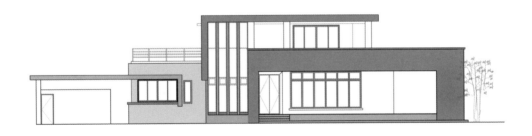

圖片提供＿ YHS DESIGN 設計事業

Data	
屋主	王先生夫妻、小孩
基地狀況	山坡地
土地總面積	429 坪
房屋建地面積	57.3 坪
樓層總坪數	115 坪
格局	1F／客廳、餐廳、廚房、廁所、主臥、女孩房、客房
建材	清水模、天然檜木黑色大理石、鈴鹿強保水性耐候樹脂、抿石子、檜木
結構	清水混凝土牆構築
建造耗時	1 年
完工日	2013 年 1 月

Cost	
建築工程	NT. 850 萬元
水電工程	NT. 100 萬元
景觀工程	NT. 150 萬元
裝潢工程	NT. 300 萬元
空調工程	NT. 50 萬元
設計監造費	NT. 145 萬元
總價	NT.1,595 萬元

一棟造型簡潔的 2 層樓建築，蜷伏在南投市郊區的半山腰上，水平展開的量體以和緩的低姿態與環境共存，在果園與茶樹翠綠枝葉的簇擁下，突顯白色建築與世無爭的悠然，個性爽朗的屋主王先生笑著說：「本來只是想有間茅草屋頂的農舍，沒想到卻變成一棟現代建築。」建築師從人與自然環境為基礎思考建築定位，利用錯位堆疊的量體創造與室內外曖昧的半戶外空間，這也成了屋主生活中最自在幸福的地方。

交通便利同時免於市區塵囂的理想退休生活

從 Google map 查看，建築位置離南投市區僅有 7 分鐘的車程，果然車子才一個轉彎，就從市區進入一個滿是果樹、茶園的世外桃源，即使路上沒有門牌也不用特別詢問，遠遠的就看到山腰上的白色建築。建築外型方整俐落，不用懷疑它是現代主義的傑作，但超級寬敞的前庭，卻令人忍不住想起小時候爺爺奶奶家三合院裡的大院子，有種想要奔跑玩耍的衝動。

王先生原本住在南投市區的獨棟透天厝，但覺得市區有壓迫感，停車又不方便，於是決定蓋一棟房子和老婆享受恢意的退休生活。但在有了這樣的想法後，光是決定建築的主體結構就花了一段時間，一開始只想以鐵皮屋為結構搭蓋，但聽了親朋好友子女們的眾多意見，加上山區潮濕

攝影＿蔡宗昇

攝影＿蔡宗昇

攝影＿蔡宗昇

1. 基地位於幅員遼闊的八卦台地，周遭均栽種低矮的茶園與果園，雖然位置遠離都會區的塵囂，但交通卻相當方便，建築以水平面發展恰好與山區起伏緩坡呼應，簡約的白色量體在綠景中突顯其優然雅致。

2. 建築以重疊、錯開的量體構成主體，並向右構成一個長 16 米、高 3.5 米的半戶外雨庇，良好的半戶外空間讓居住者能與自然連結，同時也不與室內脫離，兼顧功能面和情感面。

3. 除了沙發後方的原木泡茶桌，窗緣下方都有設大理石窗台，不但能隨手擺放書本或者當成坐位使用，充足的坐區讓好客的王先生能招待眾多親朋好友。

4. 高 3.5 米的半戶外雨庇，不只能有效控制日曬，同時能防止雨水的侵襲。

氣候可能影響長久居住的舒適性及耐久性等多方因素考量之下，最終才決定以 RC 爲建築結構，爲王先生退休後的半山生活畫下了開端。

建築基地座落於南投西境面積廣闊的八卦台地，這裡遍栽四季水果與茶樹，並且有遠離都會區塵囂的閒適悠靜，山腰的位置提供了極爲寬廣的視野，天氣晴朗時能遠眺中央山脈群山，也能俯瞰貓羅溪谷。建築方位從基地本身條件得到了最好的解答，由於坡面向東，建築順理成章以坐西朝東的方位落下，正好符合屋主期望的背山面水的風水。

讓自然樸實與空間給合，山區生活更爲自在愜意

考量到居住成員簡單又是長輩，於是以低樓層來規劃生活範圍，建築便朝水平方向展開，重疊並錯位的白色方盒建構出總長 3 米 2 的兩層樓量體，並以建築主體爲中心向左側延伸出鋼構車頂棚，在右側大門外則築起一道白牆，拉長整個量體視覺，讓建築有如一道輕盈優雅的雲霧繚繞在山腰。

建築落在整個基地後端，特意留出寬廣的活動庭院，而有如方盒脫開的建築主體向右側形成一個長 16 米的雨庇，構成一個室內與室外的中界。這樣一個半戶外區域，讓仍在栽種農作的王先生夫婦在這裡整理蔬果植物，平時親朋好友也會在這裡談天說笑，從機能面展現符合居住需求的多功能，從情感面則扮演著休憩及凝聚情感的角色。

進入室內是另一番沉靜的人文氣息，空間格局簡單，順應著光影、周圍景致與居住需求規劃，落地木格柵保有視線的穿透性與空間的靈活度，縱向木紋線條也成了穩定空間的背景。材質的運用描繪出空間的個性，牆面以板模澆置清水混凝土牆，強烈的肌理流露出水泥質樸又多變的特色，並搭配大理石材、檜木等自然素材，給人一種優雅卻充滿個人特質的空間個性。建築師細心的在建築周圍栽種植栽，爲每一面窗布下不同景致，唯獨從客廳向外望的寬闊前院，留出毫無阻礙、一望無際的視野，讓每日升起的東陽灑滿空間，白天充滿活力的陽台和前院，到了晚上夫妻倆人搬張椅子坐下又成聊天的好地方，建築構築的空間爲父母帶來滿足的生活，也是子女最大的幸福。

攝影＿蔡宗昇

5. 室內以木材、石材等自然材質呈現的色調，與戶外窗景鋪陳出沉穩內斂的空間氛圍。

6. 落地木格柵拉門靈活的區隔客廳與餐廳，半穿透設計讓量感輕盈不笨重，光線和視線也不會受到阻隔，格柵秩序的縱向線條形塑出空間的俐落感，也成爲穩定空間的背景。

7. 在串聯 1、2 樓的梯井牆面，能看到以一般模板澆灌的混凝土牆面，鮮明的水泥肌理表面不刻意整飾，流露出材質原始質感，讓空間增添個性與層次，從中也能看到土生土長的台灣傳統營建技法。

8. 在建築本體設計之外，建築師同樣考量每一道望向窗戶外的景致，在周圍栽種五葉松、櫸楠木、七里香、桂花等植栽，讓人在不同空間遊走時，能隨著腳步看到多變的窗景。

9. 挑高的梯間貫穿樓層以直向窗帶出俐落感，並帶入充沛的日光，在清水模牆面的圍塑下，轉角空間欣賞窗外也別有一番景致。

10. 進入私領域空間及 2 樓的轉折位置，規劃出另一處隨興坐臥的多功能和室，形成室內的半戶外空間，梯間窗戶也能為此提供日光。

11. 建築以 4 人居住空間來規劃設計，考量到屋主退休的年齡，活動範圍以低樓層為主，以電視牆為中心點向外布建格局，右側為沙發區、泡茶區和餐廳的公共區域，電視牆左側則為和室及寢居等私人空間。

Q1 想要保有寬闊的視野，建築周圍沒有築起圍牆，在安全上會不會有疑慮？

A 由於屋主對於新居的期待就是在室內也能欣賞山區景致，因此建築順應基地坡向面向正東，整地時庭院前緣與前方果園高低落差高達 2 米，因此不用擔心有人攀爬而上，建築落於基地後段，留出寬敞的庭院不築圍牆的設計，讓視野順著庭院向外延伸。

Q2 為長輩規劃的住居空間，具有未完成感的水泥材質他們能接受嗎？

A 清水混凝土牆看起來好像施工未完成，對長輩來說的確一時很難接受，但除了事前溝通之外，在空間大量運用溫潤的木素材與細膩的大理石材相互搭配，這樣不但使空間材質更為豐富有層次，同時平衡冷調的空間感，提升長輩接受度。

Q3 位在山區的白色建築，擔心時間一久就變黑很難清理？

A 山區天氣多變潮濕，在設計建築及表面材質時必須考量氣候問題，為了讓白色建築能經久耐候，這裡選擇具有良好自潔性的瓷漆塗布，表面灰塵會隨著大雨沖刷而清除，不用花太多心思清潔維護。

Q4 設計半戶外空間不會浪費農舍坪效嗎？

A 因為居住人口簡單，大部分只有屋主夫妻倆人使用，而且白天大部分時間都在戶外，因此室內居住坪數已經相當足夠，即使半戶外空間會占去部分建地面積，但卻能發揮更大的效用，既能整理採收的蔬果農作物，也是家人朋友接近自然的休閒場域。

DESIGNER

楊煥生、郭士豪／ YHS DESIGN 設計事業
02-2375-2701、04- 2358-5198
台北市大安區安和路二段 217 巷 17 號
yhsdesigngroup.com ／ yhsdesign@yahoo.com

2. 新居／移居——

返鄉成就自己的家園

文、整理＿田瑜萍、黃敬翔

每一次回鄉、移居，都象徵生活的新開始。蓋一棟自住宅的原因很多樣，可以是從國外回到自己熟悉的地方，可以是爲了工作或生活島內移居，或是家庭成員組成產生變化，需要一個能容納兩代或三代同房的新屋，無論出於什麼原因，最重要的是仍能維持自己的日常，上班、上學、生活採買……，才能精彩地由此展開每一天的生活。

重點筆記 Key Notes

1. 避開嫌惡設施，並兼顧生活便利性。
2. 釐清居住眞正需求，才能讓生活機能到位。
3. 交給專業最放心，從建築外觀到室內設計打造最適合住宅。

2.1 選地

買地蓋屋，除了看土地的本身條件之外，也要考慮土地的周遭環境是否符合自身需求。如果是自住，必須考量家庭成員就業、就學、交通、就醫等生活的便利性，選地可能就要靠近城鎮或市區，但相對購地金額會比較高。

Point 1 注意周遭環境條件，多跟鄰居探聽

自建宅在找地過程中，除了需注意一般的嫌惡設施，也需注意鄰近地區是否有養豬場或養雞場，若有田地是施用哪種肥料，以及周遭是否有工廠營業運轉，以免入住後發現養豬、雞場的不佳氣味隨風向擴散過來、或是施肥引發蚊蟲或農藥飄散的問題，以及惱人的工廠噪音，成爲居住環境的不利條件。

一般自住宅選地傾向尋找跟屋主有地緣關係的區域，這樣比較熟悉居住環境的氣候條件與生活機能，另外也需注意房屋建成後的座向。以台灣本島來說，面東通常會有陽光強烈或西曬問題，面北冬天較爲寒冷，還有街屋常見的汽車噪音與落塵等問題皆須以納入規劃考量，不過最終還是要視個別基地的現場狀況來判斷。

決定購地前可先向附近鄰居打聽居住情況，例如環境是否容易潮濕？陽光日照方向與時間長短？周遭道路噪音如何？車輛或人員進出動線是否順暢？也可趁此機會敦親睦鄰，減少起建工程期間帶給對方的不便與糾紛。

找地前若已經有明確想合作且信任的建築師或設計師，也可以和他們先溝通討論整體規劃瞭解需求再行找地，可讓過濾條件更爲明確。如果眞的避不開一些自然環境的不利條件，起建前先與設

計師或建築師溝通，如何規劃能改善環境帶來的影響，這就是自建宅最好處，能預先看到問題去解決，客製化屋主需求。

Point 2 注意周遭畸零地與地目條件，自備款項與貸款最好 1：1

決定購地前需注意基地附近是否有畸零地以及地目為何，以免之後發現使用情況被畸零地影響，例如進出入口被擋住或多了不利自宅的使用設施，影響

在密集的都市區選地，因土地狹小無法改變房屋座向，因此需考慮出入道路的方向，以及注意周遭建物的高度是否影響採光、通風、視線的問題。

到原先規劃需臨時變更設計，或已經完工只能勉力補救。

興建自建宅跟室內裝潢一樣，常有預算超標的情況，古諺「起厝按半料」（蓋房子要多預備一半的材料）就是經驗談。自建宅預算除了自備款與貸款至少要達到 1：1 的比例，最好能再多準備原預算一半的資金做為預備金。若想順利增加貸款額度，可選擇與建設公司也有往來的銀行，若銀行與建商、屋主三方都有往來關係，貸款額度可以較高，評估條件也較容易通過，順利進行後續撥款程序才能確保工程不因資金調度出現問題，導致完工遙遙無期。

Point 3 找到志同道合的伙伴打造合作住宅

所謂的「合作住宅」（Co-housing）起源自歐洲，近年來台灣也陸續有一些討論聲量以及民眾嘗試。合作住宅的核心在於，透過組織志同道合的伙伴，由居民自己打造社區，發展共融的居住環境。每個成員都合作參與到住宅生產的整個過程，無論集資、規劃設計、興建、營運管理等，都採用民主決策制度，經由討論會議、投票制等方式共同完成，落實居住成本可負擔，共有設施的共享，能提供不同於台灣主流不動產市場以外的居住選擇。

合作住宅常被民間認知為「一群好朋友一起蓋房子」或「這樣就可以便宜地蓋房子」，這樣的認知並非錯誤，但是合作住宅實際上有更深遠的意義，其最重要的 3 個特質為：

1. 住戶組成為「意向型社群」（intentional community），即一群理念相似、志同道合，對居住生活有共識的人。
2. 住宅建造的整個過程都有賴於住戶的共同合作，包括共同出資、共同參與規劃設計，乃至於完成後共同營運管理等。
3. 落實民主機制。小到生活公約，大到空間利用、是否接受新入住的成員，皆由全體住戶共同決定。

圖片提供　陳怡鋒建築師事務所

合作住宅最直接的優點在於住戶可以從頭參與房子的規劃、設計，還能節省成本。

在台灣，合作住宅的觀念才剛起步，雖然有著能省去建商仲介費用進而節省成本的優點，但相對要求具有相當規模的基地。

Q&A 找地疑難

Q01 重劃區土地增值空間大，附近雖有公車到，但班次少，出入都要開車，該買嗎？

每個人買地需求不同，究竟要買哪裡，端看個人喜好。尤其必須釐清自己買地、蓋屋的用途，退休、度假，還是自住，選擇的條件差異很大。

此外，還得考慮家庭成員的需求，若家中有小孩，就有就學需求；或有老人，就會有就醫需求，便利的交通，成爲重要評估因素。許多重劃區因仍在發展中，交通不是很方便，但有些人買地考慮的是未來增值的可能性，若自己可開車，或未來預定會增設捷運或其他公共交通的可能性，還是可以考慮購買。

Q02 位於交流道、高架橋旁的土地，若買來蓋屋，會有什麼問題？

交流道、高架橋附近的土地，容易產生的問題也與噪音有關。尤其車流量大的交流道或高架橋，噪音分貝更高，長久下來，會影響居住者的聽力。若非得在交流道、高架橋附近買地蓋屋，必須做足氣密隔音設計。但缺點是，大部分時間都得緊閉門窗，相對地會影響到房子的通風、散熱與空氣品質，對人體健康也有一定程度的影響。

Q03 朋友介紹一塊位於機場航道附近的地，若在這裡買地蓋屋，是否會影響生活品質？

機場航道附近的土地，噪音的確比其他地方來得高，因此許多機場附近的住戶，每年都會獲得一筆補償費，用於裝設隔音窗或空調。由此可見，其噪音對於居民的影響。若是非常怕吵的人，就不適合買這裡的土地蓋屋。

Q04 買地有哪些風水問題可以注意？

若要判別土地的狀況好壞，有時可借重古人風水的智慧。有些風水禁忌，從科學的角度來看也隱喻著一定的道理，可以告訴我們如何選擇居住地點、如何與大自然環境共生共存。

看地的時候，先瞭解土地形狀、四周環境的山水狀況，再了解土地的「前身」履歷。像是土地原爲沼澤水域，藉由填土而成的新生地。在風水學上，吉地的地勢宜高，不可在低窪地區。以現代觀念來看，則是填出來的建地地基不夠結實，貿然蓋房子會影響建築物的安全性。若是曾作爲垃圾場、化糞池，或堆積化學原料的土地。這類土地受過污染，對人的健康會形成威脅。另外，曾當過刑場、墳場、殯儀館，火葬場用的土地，或曾發生巨大災變（水災）、發生過刑案的土地。在風水上來看，不論怎麼調整吉氣都會受到干擾。

土地周邊環境 Check List

項目	內容			
有無噪音、空氣污染、惡臭等	・噪音	□無	□普通	□吵雜
	・空氣污染	□無	□普通	□不好
	・惡臭	□無	□普通	□不好
	・其它：＿＿＿＿＿＿＿＿			
街道等其它周遭環境	・公園	□有	□無	
	・河堤	□有	□無	
治安、防災等安全性	・治安評價	□良	□普通	□不好
	・防災措施	□良	□普通	□不好

教育環境 Check List

項目	內容		
育幼設施	□托兒所　□幼稚園		
中、小學通車狀況	學區＿＿＿＿＿＿＿		
	距離＿＿＿＿＿＿＿公尺		
	所需時間＿＿＿＿＿＿分		
	□徒步　□腳踏車　□開車　□巴士		
學校教育環境	校風＿＿＿＿＿＿＿		
	學校氣氛＿＿＿＿＿＿		
	升學狀況＿＿＿＿＿＿		

生活便利性 Check List

項目	內容
購物便利性（是否有超商、市場等）	□徒步　□腳踏車　□開車　□公車 距離＿＿＿＿＿＿＿＿公里 所需時間＿＿＿＿＿＿＿分
醫療設施	□綜合醫院　□診所　□其它 距離＿＿＿＿＿＿＿＿公里 所需時間＿＿＿＿＿＿＿分
金融機構	□郵局　□銀行
行政單位	區公所：□徒步　□腳踏車　□開車　□公車　　警察局：□徒步　□腳踏車　□開車　□巴士 距離＿＿＿＿＿＿＿公里　　　　　　　　　距離＿＿＿＿＿＿＿公里 所需時間＿＿＿＿＿＿分　　　　　　　　　所需時間＿＿＿＿＿＿分

交通便利性 Check List

項目	內容	備註
通勤上學的交通工具＆花費時間	・步行＿＿＿＿分鐘　・腳踏車＿＿＿＿分鐘 ・公車＿＿＿＿分鐘　・捷運＿＿＿＿分鐘 ・火車＿＿＿＿分鐘　・自行開車＿＿＿＿分鐘	在買地時可實際查看，或是詢問仲介相關交通狀況。
班車時刻	早班＿＿＿＿點＿＿＿＿分 末班＿＿＿＿點＿＿＿＿分	有些地區的大眾運輸班次較少，在購買前要確認清楚。
交通費	來回＿＿＿＿＿＿＿＿元／月	

2.2 空間規劃

三人小家庭與三代同堂的住宅需求和機能性截然不同。建議裝潢前，以居住者為考量，比如說：家庭成員有誰？每個人對空間的需求？在收納、衛浴、餐廚使用情況、家人生活習慣與假日共同活動等方面有何需求？一項項列出來後，才能讓居家機能到位。

Point 1 建築按圖施工確保成果

找建築師或設計師前，最好就對方過往案例與風格先做功課，看看是否符合自己喜歡的美感，口碑與風評也是判斷標準之一。起建前的圖面規劃，屋主可就實際居住經驗，與建築師或設計師詳細溝通想要的機能，清楚表達對未來居住空間的想像，對方才能提出專業且切中核心的建議與規劃。若擔心自己搞不懂圖面介紹，也可請建築師藉助模型說明，對於將要起建的房屋狀態就能更清楚明瞭。

建築師或設計師規劃就序，切記一定要按圖施工、依合約進行時程規劃，這兩者是起建工程順利的關鍵。按照圖面施工可確保成品不走樣，也可讓施工團隊有所依據，而依合約時程推進也能讓工程進度順利完成。如果屋主無法常到工地掌控施工進度，最好聘請專業與信任的監工主任現場調控回報，可保障整體施工效率及各工程環節的施作完整性。

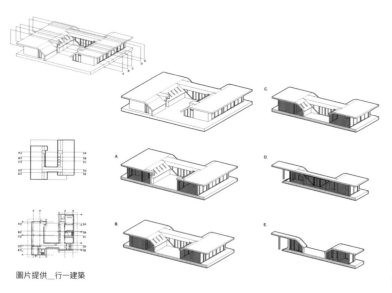

圖片提供＿行一建築

透過建築師提供的圖面規劃，建構對家的想像。

Point 2 擺脫大就是好的迷思，釐清居住真正需求

屋主最好在起建前先釐清自己對住屋的真正需求，集中焦點，懂得把不必要的慾望斷捨離，保留真正需要的生活機能。有些人會覺得就是要蓋好蓋滿物盡其用，陷入無法取捨的天人交戰。過來人建議，房子不是大才會舒服，剛剛好最好，現代社會人口簡單，若人口數不多，大房子住起來反而寂寥，居住成員疏離，打掃也費工，能營造住家的溫馨跟舒適感才是規劃重點。

除了空間格局，都市住屋的景觀設計也相當重要，懂得留白，讓出一些空間給庭院與綠色植栽，除了能減少居住壓迫感，植栽也能軟化房子剛硬的線條，美感上掌握主要、次要的層次與韻律來安排，不要把喜歡統統放進去，才會是耐看持久的風景。

攝影／葉勇宏
不同景觀植物組合營造多變庭園景致。

Point 3 尊重專業，自己來有難度

網路發達讓許多人能輕易學習到相關知識，有些人甚至想說自行繪圖設計房子再發包出去就好，無論建築外觀、平面配置或監工都自己來，還能剩下設計費。然而，專業終究有其必需性，一般人對建築理解並不全面，多半侷限於建物外觀而非整體，而起建房屋的專業領域牽涉甚廣，若非曾有營建相關領域經驗，建議還是交給專業處理，由建築師發包給平日合作的營造廠，當工程發現問題時，不僅溝通過程較為順暢，建築師用自身的專業與師傅溝通，讓工程順利完成又不偏離原先規劃的美感舒適。

若要將建築設計師與營造廠分開發包，也需確認營造廠的風評口碑。起建房屋不比室內裝潢找個木工統包就能解決，自己發包統籌工程想節省預算，卻變成一直更換營造廠或無人願意接手爛尾，甚至碰上營造廠倒閉跑路，千萬不要貪小失大，反而離夢想中的完美家園越來越遠，即使真的蓋完，也難保空間規劃就是真正適合自己的。

Q&A 空間規劃疑難

Q01 一開始如何思考格局的配置？

每個人對於家的需求和想像都不盡相同，有些人有烹調的習慣，希望有較大的廚房空間；有人與父母同住，需要公私領域分界清楚的生活場域等等。這些都是在進行空間規畫時必須先思考的細節，經過全盤思考後再和建築師進行討論，進而設計出最符合使用者需要的格局配置。以下列出思考格局的配置因素：

1. 瞭解全家人的需求：在設計前先瞭解全家人的需求，重視隱私或淺眠的人，臥寢區是否要離客廳或起居室等公共區域遠一點？喜歡安靜工作的人，是否需要一間獨立書房等等。不同需求會決定格局的的配置，只要規劃得宜，就能打造出美好的居家空間。

2. 空間分區配置思考：在配置空間時，建議可粗略區分不同空間的機能性，評估哪些區域放在一起才方便，不外乎可分為公共區（客廳、餐廳和廚房）、私人區（主臥、小孩房、長輩房）、移動區（玄關、廊道、樓梯）。將這些有關連性的區域放在一起，集中區域功能，同時也縮短了行走動線。

3. 考量通風和採光：配置格局時，會考慮到通風和日照。每一個區域都要能保持良好通風。另外，最好能考量光線進入的方向去配置，像是客、餐廳的公共區與由於家人聚集的時間比較久，通常會放置在採光最良好的地方。

4. 納入未來需求：通常蓋了之後，就不太會再大動格局，因此事前就要考慮未來 10～20 年的需求，先想像出未來可能的情境，才不會覺得空間不夠用。

5. 居住成員決定房間數量：先思考居住人數會有哪些成員，是否會跟長輩同住？未來是否計畫增添兒女？然後再來決定房間的數量。

6. 考慮家事流程：一般來說，家事同時並進是最有效率的，因此廚房、工作陽台和洗衣間如果規劃再一起，就能減少不必要的移動路線，達到事半功倍的效果。

攝影　Yvonne

自然光是空間最好的光源，可以帶給空間正向能量及明朗氣息，由於光線會隨著時間和季節而改變，透過正確的採光窗口計劃及透光設計，在引入充足舒適的陽光，創造出不同的空間氛圍。

Q02 規劃長輩房和兒童房時需要注意哪些原則？

小孩房的設計需要隨著每個成長階段需求調整及變化，基本上依小孩的年齡區分成 3～6 歲學齡前，7～12 歲幼童及 12 歲以上的青少年期 3 個階段，若是在學齡前的小孩，建議無須特別設計，

利用移動式的傢具即可。若是有兩個以上的學齡前孩子，可以規劃一個大坪數的兒童房同住，在青春期時，再額外加上隔間分成兩房使用。不管哪個年齡層的健康、安全都是首要考量。

長親房 三代同堂的長親房，在空間的規劃上必須從長期思考，需要設想到父母晚年可能行動上的不便設計無障礙空間。通常建議規劃在一樓較妥當，避免上下樓梯不易的問題。

Q03 想要跟小孩多點互動，並且隨時看顧得到，要怎麼設計才對？

可以在家人最常聚集的客廳、餐廳和廚房等公共區域，採用無阻隔的開放空間，像是選用開放式廚房，讓媽媽在做菜時也能隨時關注小孩的舉動。若小孩房是套房式的設計，小孩就不易出來走動，可以考慮將衛浴移到外頭，增加親子互動的機會。此外，也可以建立一個全家都可用的書房，不論是寫家庭作業或用電腦，都能隨時看顧，增加相處的時間。

攝影＿＿ Yvonne

開放式廚房方便家長在料理時，也能隨時關注孩子的一舉一動，也能增進與家人之間的交流。有中式熱炒習慣的家庭，建議配備有效除油煙的排油煙機，以免影響居住品質。

Q04 我家是重劃區，土地狹長，中間採光不好，應該如何改善？

重劃區的土地多為狹長形，因此都有縱深太長的問題，設計時為了避免光線容易照不進中央地帶，可開放天井或側面開窗，利用天井讓光線貫穿整體空間，或是在法規允許範圍內，在側面開窗增加採光度。此外，也可以降低隔間牆的高度或開放式設計，除了可以迎進光線外，也能讓視覺得以延伸。隔間以採光順向設計，同時在迎光面利用玻璃或線簾等具有穿透性的材質，加強整體明亮度。

Q05 土地有兩面臨路，擔心會有隱私問題，要如何設計才能解決呢？

為避免隱私的問題，可利用窗戶的位置來調節視線的角度。可以高窗或低窗去設計，這兩種窗型可讓外部的人僅看到室內局部的動作，可避免鄰居視線的尷尬。若是位於一樓，使用圍牆阻擋視線也是不錯的方法。另外，更簡便的方式則是用調光窗簾，可讓光線進入又不至於讓人看到內部的情形。

座落地點／宜蘭縣冬山鄉

15 戶家庭共造最佳社區，
以合作住宅解理想生活難題

什麼樣的環境最適合孩子成長？生長在水泥都市，你我究竟失去了什麼？這是謝佳眞與建築師陳尚鋒這對北漂生活的夫妻，多年來不斷自我叩問的問題。面對都市生活的擁擠、緊繃，空氣污染甚至誘發小孩嚴重的哮喘症狀到住院，謝佳眞憶起自己在宜蘭鄉下的美好童年，更勾勒出打造共好社區的生活輪廓。

文__ Evan　圖片提供__陳尚鋒建築師事務所

Data

屋主	15 戶家庭
基地狀況	都市計畫區建地
土地總面積	820 坪
房屋建地面積	369 坪
樓層總坪數	934 坪
建材	建築外牆／塗料、金屬欄杆、複合式屋頂板 室內空間／綠建材塗料、環保耐磨木地板
結構	RC 、鋼構屋頂
建造耗時	約 1 年 6 個月
完工日	2018 年 3 月

Cost

建築工程	NT. 360 萬元
水電工程	NT. 40 萬元
景觀工程	NT. 30 萬元
衛浴設備	NT. 10 萬元
雜項費用	NT. 50 萬元
土地總額	NT. 360 萬元
總價	NT. 850 萬元

註：此花費僅 15 棟建築中其中一
戶之開銷，依照建築大小規模
等，每戶開銷會有所不同。

　　宜蘭冬山有一個被周遭居民暱稱「彩虹社區」、令人稱羨的特殊小社區，它跟一般建商所蓋的社區截然不同，15 棟透天厝的色彩、外觀、格局各有差異，但都有著標誌性的樹葉造型屋頂。這裡是台灣少見的合作住宅，也是陳尚鋒與謝佳真歷經 5 年努力，與其他 14 個家庭共築的美好家園。

　　「我們之前在台北生活，也在那邊組織我們的小家庭。」謝佳真分享說，水泥叢林間人與人的關係較爲冷漠，對於新手父母而言更有感，育兒過程中常常覺得無助；雙薪家庭下小孩只能送托嬰中心照顧，因主要待在密閉空間內，不斷循環生病，令她思索著什麼樣的環境對孩子而言是最適合的。後來，謝佳真認識到華德福教育，當中親近自然、尊重身心靈發展的理念，吸引她繼續參與師資培訓。

　　2013 年 7 月的課程結業報告上，謝佳真分享自己對未來家園的想像：由理想的土地、健康的房子，以及友善的人們組成的共好社區，「我想要在現代水泥叢林的都會，以及過往永續環境、人與人信任的農村環境裡面找到一個新的出口。」而謝佳真找到的解方，便是找到一群對生活有共同理想的人，爲了孩子，也爲了自己，一同打造參與式的社區，爲這個合作住宅的誕生起了開端。

過程不斷發生變化，但決心不變應萬變

　　謝佳真的報告引發許多迴響，有人鼓勵她去實現、有人想加入、也有人開始推薦土地。不過，陳尚鋒第一時間是反對的，對他而言，舉家遷移宜蘭自地自建並沒有問題，但是打造一個社區？身爲建築師，他早早預想到後面會面臨許多挑戰。一直到 2013 年年底，他倆因緣際會下正式決定啟動計畫，果不其然，整個過程並不容易。「過程中需求一直變，但我們的決心不變。」謝佳真說，從參與的伙伴、找地、設計的過程都不是一帆風順，持續有變數發生，倆人唯有以不變的決心應萬變。

1. 以華德福教育與人智學為本，社區內的每棟建築都追求有機的展現，透過不同平面規劃、開窗，自然呈現不同的
   樣貌。

　　透過華德福，他們漸漸找到有意願投入共築社區的家庭，再透過人與人的介紹，尋找氣味相投、理念相近的人，前前後後跟上百個家庭談過，「並沒有特地挑選，合者就來，不合則去，最後留下的就是適合的人。」謝佳真說。這是一段漫長的過程，前期邊撇清大家對土地大小、幾房幾廳的需求以及手頭上預算的同時，也在宜蘭華德福學校附近開始尋找理想的土地，光是找土地就用了超過一年的時間，土地過戶前夕才正式確定 15 戶家庭名單。

　　面對不同伙伴的需求，陳尚鋒堅持了解每一戶的需求，為此他們親自造訪每位伙伴原本的家，進一步規劃最理想的平面格局，而公共空間的劃分，如土地位置的分配、建材的挑選則採用共識決，唯有全體同意才能開始執行，一旦有所變動就從頭開始，「我們有不同層級、不同面向的討論，大到全體、小到每戶每個人。」為了凝聚共識，陳尚鋒投入許多時間與精力，光是建築設計便花了 3 年，建造執照也變更了設計 4 次，還曾在灌漿前一晚半夜接到電話希望多增加一根水管，自己大清早立刻趕到施工現場處理。

將綠建築、華德福人智學建築概念融入設計

　　以人為中心思考，是陳尚鋒設計建築的核心理念之一，他從起初就提出希望每一戶家庭的家不需要太大，夠用就好的想法，避免伙伴們為了不必要的空間提高成本。因此，社區內建築的建蔽率與容積率都沒有用滿，有將近一半的建地被保留下來，陳尚鋒還說有建商朋友直呼沒用完是一種罪惡，「因為在經濟價值裡面，當然要利用最大化，但我們打造的不是商品，而是未來幾十年的家。」此外，釋放出來的綠地，更能讓社區與大地共生，與自然親近。

　　陳尚鋒也結合綠建築的專業，以及華德福人智學建築的概念到建築設計中。他請來成大學弟作環境調查分析，模擬讓空氣對流無死角的方法，讓風能自由流通；每棟建築的外牆都直接在 RC 表面加以塗料而非鋪磚，減少碳排放；樹葉狀的雙層屋頂能有效隔熱，並預留未來能放置太陽能板的位置，還能收集雨水使用；更聯合成大、北科大材料所，製作全台第一個以綠色混凝土為原料現場完成的圍牆，此部分沒有運用任何水泥，而是用煉鋼及燃煤剩下的爐石、飛灰混合其他材料搭配鋼筋打造。

2. 華德福建築重視豐富色彩的運用，陳尚鋒與跟人智學色彩專家討論後，決定以色階比較中性的紅、橙、黃、藍、紫作爲建築外觀的呈現。

3. 每一棟建築中都可見圓弧形的設計元素，賦予建築外觀更多自然的表情。

4. 透過環境調查分析模擬通風，再運用大大小小的開口、陽臺、露臺的配置，讓空氣能自然地從一側流向另一側。

共築社區美夢成眞

　　如今，15 個家庭已搬進社區 4 年多，問到當初對於打造美好社區的願景是否實現？陳尚鋒與謝佳眞一致認爲剛開始的初衷都已達成，無論大人或小孩都有了自己的伙伴，夫妻倆也在這段期間迎來第二個孩子。小女兒的誕生，讓他們更能感受到社區支持的力量，謝佳眞分享，「這一胎因爲疫情的關係，只有一個人能陪產，鄰居就主動整理一個房間出來接大兒子過去住。」陳尚鋒也提到，小女兒出生後，家門口常常會出現一些給小女兒的禮物，都是其他家庭覺得他們有需要就送來的，社區大多數的伙伴相處不但融洽，更彷彿是彼此的家人一樣。

　　社區中，有伙伴提供自家一樓作爲社區活動使用，竟也漸漸延伸出許多大大小小的團體在此聚會，每年 12 月 31 日更成爲整個社區的大日子，一同辦音樂會，華德福學校的社群夥伴樂團也會到此表演。「每個家庭一開始參與，都是想爲孩子提供最好的環境，但孩子總有天會離開家裡。」陳尚鋒感性說，「不過因爲這裡的人心是相連的，未來我們也會繼續在此照顧彼此，共老共好。」

5. 這個社區建築最大的特色莫過於屋頂如葉子般的設計，也暗喻 15 片葉子（家庭）在這裡深根落葉。

6+7 社區內只有 8 戶有連接都市道路，其他建築則以對內步道串聯。

8 陳尚鋒夫妻自己的家，室內設計也融入華德福教育建築的人智學基礎，溫暖、溫潤的設計賦予空間更多靈性。

9. 一棟棟充滿特色的建築，讓這個社區得到「彩虹社區」
的暱稱。

10+11. 華德福教育重視空間形狀、線條等環境紋理，室內
也融入許多圓弧設計，豐富孩童感官，也提供保護。

Q1 合作住宅相較於一般的自地自建,有哪些優缺點?

A 打造合作住宅與一般自地自建一樣,省去了一般市售房屋屋仲包括的建商利潤、廣告費等,成本更為便宜。此外,如果合作住宅中的每棟住宅都採用相同工法、相同建材的話,比起獨棟建築的自地自建,更能發揮團購的利基點,進一步降低成本。不過相對應的,打造合作住宅的重點在於匯集理念相近的人,團體間溝通成本更高,也需要時間凝聚共識,對於建築師而言也需要花費比一般自地自建案子更多的溝通時間。

Q2 一般民眾如果想打造合作住宅,應該做好哪些準備後再跟建築師溝通?

A 先找到志同道合的伙伴,可以是家人、親友,或共同圈子的人。興建之前招募成員、討論設計的過程往往最花時間,建議在找建築師前先就預算考量、觀念等進行磨合、取得共識,好比說每個人希望入住的時間可能有所不同,有些人很急,希望儘快完工,有些人卻完全不急,可能這樣的組合就不太適合,要取得良好的平衡。

DESIGNER

陳尚鋒／陳尚鋒建築師事務所
03-9550830 ／ bioarch.yilan@gmail.com
www.facebook.com/bioarch.yilan

CASE
STUDY
07

養老宅
新居宅
度假宅
民宿

座落地點／南投縣竹山鎮

不隨波逐流，
把生活變成自己喜歡的形狀

建商統一格局的房子無法滿足謝先生夫婦想納入日常生活的美感與喜好，經歷 7、8 年的尋地蓋房過程終於一圓夢想，而這個外型特殊的新居也引來路人注目，成為聊天話題的最佳開端。

撰文＿ 田瑜萍　圖片提供＿ MEI 建築所

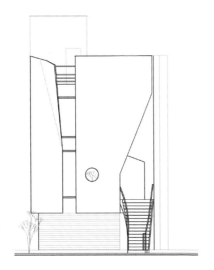

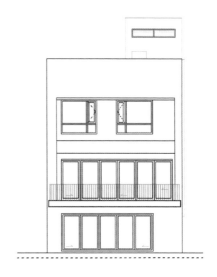

Data	
屋主	謝先生夫妻、小孩 ×2，共 4 人
基地狀況	建築用地
土地總面積	77.3 坪
房屋建地面積	44.2 坪
樓層總坪數	131 坪（含陽台）
格局	1F ／車庫、茶室、庭院 2F ／客廳、餐廳、廚房、儲藏室、露臺 3F ／主臥、儲衣間、洗頭間、次臥 RF ／露臺
建材	建築外牆／磁漆 開口／鋁窗、無框玻璃門、玻璃磚 . 不鏽鋼烤漆、捲門 室內天花／ RC、矽酸鈣板 室內地坪／ 1F一多尺寸窯變磚、2F&3F—60*120 霧面磚、3F 房間一海島型耐磨地板
結構	RC 鋼筋混凝土
建造耗時	2 年
完工日	2020 年 9 月

Cost	
總價	NT.2,500 萬元

屋主謝先生夫妻對建商統一規格的房屋格局總是住得不順心，10 年前開始找地蓋屋的築夢旅程，希望能把自己喜歡的機能與舒適性、審美觀融入家人日常生活裡，夫妻倆連出國旅遊都會勤做功課，仔細研究下榻旅館的空間格局規劃，最後選中竹山來圓夢，誕生了這棟吸睛亮眼造型的舒適好宅。

1. 樓梯通往二樓的自宅空間，一樓留作車庫與待客茶室。

2. 後院利用矮牆讓視覺無界線。

3. 1樓泡茶區陽光和煦來作伴。

4. 車庫主牆嵌縫為背景，生活才是主角。

5. 船艦造型的中島具備女主人想要的所有功能。

造型牆體擋東曬，鳥兒年年來築巢

謝太太笑說：「常有人經過時非常好奇，站在門口研究很久，還有位太太經過看到興奮驚呼，迫不及待跟我們探聽細節，原來她也正在存錢打算自建房屋！」謝太太說，找地過程不若想像中容易，曾經也在山上空氣好的地方買了塊地想起建房屋，卻發現現實與想像總是有段差距，深山中生活機能不便，買個東西路途遙遠，最終在有成長地緣關係的竹山，選了這塊臨路街邊的起建夢想家園。

左右鄰居都是自建宅，夾在正中的謝宅最後完成，卻也吸取鄰居經驗，原來面東房屋有日曬強烈的問題，還有鳥兒會被窗戶隔熱紙吸引飛來自撞，經過與設計師溝通，設計出這個正面有花開造型牆體的三層樓建築，不僅解決東曬問題，還多了戶外露台與收納空間，舒適到綠繡眼年年飛來築巢，原本要住校的兒子改變心意決定住家裡，酷酷地對爸媽說：「我終於知道你們努力賺錢是為什麼了。」

謝宅正面以花開牆體搭配開窗位置與窗簾，將惱人紫外線馴化成和煦陽光，後方則把不方正的畸零地規劃成小花園，並搭配電動鐵捲門控制陽光射入份量。空間上屋主夫妻早就規劃好，一樓作為車庫與接待茶屋，用戶外樓梯將生活空間與把接待來客的空間完全分開，二樓是具備生活機能的公共空間如客、餐廳、廚房與儲藏室，三樓作為放鬆休息的臥室與更衣間使用。

自建宅客製化需求，客人舒服到不想走

有趣的是三樓有間具備專業洗頭設備的洗頭室，因為屋主很享受家人互相幫忙洗頭的過程，這也是自建宅的好處，能完全客製化屋主需求。謝太太笑說：「住進這間房屋最大的成就感，就是像住進飯店一樣舒適，只差門口沒有一個接待櫃臺，若是邀請朋友帶小孩來家裡玩，要離開的時候小孩都嚷著不想走，希望能夠住下來。」

設計概念上配合屋主新事業開展，設計師把外觀與室內都融入春暖花開的意象手法，除了外牆造型是一朵含苞待放的花朵，天花板造型也仿若葉片開花，門框與牆角柱體則用弧形處理，呼應花開主題柔化室內線條。廚房長達五公尺的中島，將女主人想要的煎台、瓦斯煮火鍋、清洗水槽及餐桌吧台功能全部納入，船艦造型也象徵著屋主的事業順利揚帆啟航。

設計師徐美玲表示，用量體形狀來表達建築的雕塑感後，外觀材質就要盡量簡單處理，外牆部分捨棄貼磚手法全由磁漆打造，避免過多材質紋理與表情，才能讓焦點集中在量體本身。相較選地，謝先生表示，尋找建築設計師的過程反而簡單許多，看過徐美玲建築設計師的其他案例，喜歡她的風格表現手法，在完整表達與溝通需求後，剩下就是尊重專業判斷，按圖施工。

營造廠雖是另外發包，謝先生選擇雇用專業的監工主任現場調控，可以加強施工效率與各工程環節的施作完整性。謝先生說：「自建宅住起來的舒適度跟機能，跟建商統一規劃真的差很多，有自建夢想的人別害怕，有夢最美、逐夢踏實！」

5. 室內到處可見以男主人事
   業花開萌芽的意象造型。

6. 客廳壁面利用溝縫作為時
   鐘的刻度。

7. 順應主人要求設置的專業
   洗頭間。

9. 天花與壁面的弧線線條呼應花開主題。

10. 牆內植栽少了強烈陽光，成為鳥兒喜愛的築巢地點。

11. 更衣間滿足女主人的收納夢想。

Q1 中島吸睛的船艦造型，其設計概念為？

A 因應屋主調理習慣且設備都是專業等級的需求，中島設置了早餐店營業用的煎台，除了四周貼不鏽鋼板方便清潔，還加上活動蓋板以遮蔽煎台外露。屋主喜歡用瓦斯爐烹煮新鮮食材的火鍋，於是中島也納入四口瓦斯爐，把進氣口設計成圓形的船艙窗口，並在櫃體內側設置百葉風口從踢腳處通風，方便燃燒時的空氣流通。外觀表面採用義大利礦物塗料，仿石材質地塗布在弧面造型上，桌面則以超耐磨塗料便於使用清潔，純手工施作也讓整體風格呈現了溫潤氣息。

Q2 街屋型態的謝宅起建與外牆造型的施工難度為何？

A 街屋型態的房屋由於兩邊都有其他房屋，需特別注意採光與施工，像是謝宅面東有日曬強烈的問題，因此以花開造型的外牆來遮擋，花瓣折角最好用木工打造弧形板模，才能呈現漂亮的弧度。起建時由於兩邊房屋都已經蓋好，需注意兩邊的棟距是否足夠搭設鷹架，也需先與鄰棟屋主取得共識，最後有一邊的鷹架改為竹子搭建，因此施工難度較高。

DESIGNER

徐美玲／ MEI 建築所
04-22551572 ／台中市西屯區龍門路 101 巷 8 號
mei.h10108@gmail.com ／ FB：MEI 建築

CASE
STUDY
08

養老宅
新居宅
度假宅
民宿

座落地點／台南市歸仁區

依偎老家的「埕」宅，
串聯兩世代獨立又緊密的情感

想獨立自組小家庭的陳先生和太太，決定在老家閒置的建築用地上蓋房子，然而又希望能隨時和長輩們互動連結，黃卓仁建築師將 L 型院子視爲「埕」，走出院子泡茶聊天或是乘涼，彼此緊密依附著。

撰文＿ Cheng　圖片提供＿丁尺建築師事務所　攝影＿原間攝影工作室

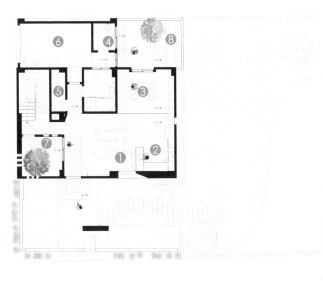

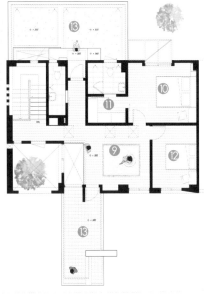

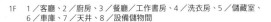

1F 1／客廳、2／廚房、3／餐廳、工作書房、4／洗衣房、5／儲藏室、
6／車庫、7／天井、8／設備儲物間

2F 9／起居室、10／主臥室、11／更衣室、12／臥室、13／露台

Data	
屋主	陳先生夫妻
基地狀況	建築用地
土地總面積	68 坪
房屋建地面積	36 坪
樓層總坪數	58 坪
格局	1F／客廳、廚房、餐廳、工作書房、洗衣房、儲藏室、天井、車庫 2F／起居室、主臥房、更衣室、臥室、露台
建材	建築外牆／泥礦漆塗料、清水模板、斬石子鑿面紋理塗料、白樂土仿砂岩塗料 室內空間／木地板、塗料、磁磚
結構	鋼筋混凝土
建造耗時	1 年 5 個月
完工日	2020 年 12 月

Cost	
建築工程	NT. 630 萬元
水電工程	NT. 70 萬元
空調工程	NT. 18 萬元
室內工程	NT. 100 萬元
總價	NT. 818 萬元

座落於台南的這棟新建小住宅，屋主是一對 30 世代夫婦，從原本與長輩共居，到決定自組小家庭生活，希望利用老家旁的自有建築用地，蓋一棟屬於自己的房子。設計洽談之初，夫婦提及雖是獨立而居，但也希望能與家族保有親近互動，因此如何圍塑兩代交流聯繫，且彼此間又能不被打擾，成為設計思考的主要核心。

L 型院子為埕，串起兩世代的互動與情感

於是建築師黃卓仁在小住宅南向、東向分別規劃了院子，與老家既有庭院作為連結，如同傳統合院「埕」的概念，共享院子一起泡茶烤肉，越過庭園即可探望關懷，以自然互動緊扣兩世代的情感。不僅如此，透過對於當地鄰里的居住觀察，發現不論是鄰房或是長輩家屋，在進入房子之前，都會有一處類似外玄關的空間，穿脫鞋子或是很輕鬆地坐著聊天。黃卓仁將此氛圍予以轉化，新建小住宅從入口延伸出寬大的水平反樑板至外部圍牆，斬石子承重擋牆界定出具有對內隱私的雨遮，既可遮風避雨，同時也是門廊、露台，猶如「亭仔腳」騎樓下閒聊的行為，刻劃出一幅幅生活框景。

1. 西側面的清水模圍牆，在建築設計之初便整合機電系統，將其嵌入清水模結構當中，讓機能與立面完美整合。

2. 新建小住宅與老家屋之間運用院子串聯，其構成如「埕」的概念意象，緊扣兩世代情感與互動，東側立面僅開小窗，彼此各自獨立、能相互對望，卻又保有適當距離。

3. 從住宅量體延伸出寬大的水平反樑板，延伸至外部的圍牆，既有包覆隱私性之外，也成為外玄關、門廊與露台等用途。

4. 主要開窗設於南向，一樓廚房外的窗戶立面採斜切角度設計，可隨時察覺家人往返。

可變動的設計，因應共居人數彈性調整

在於建築立面與室內規劃上，也隱藏著建築師黃卓仁對 30 世代正處於變動性階段的縝密思考，「空間不做到全滿與絕對，因為他們這個階段有許多不確定，包含新生成員人數，以及未來可能面臨須照料長輩、再度轉換為共居模式。」黃卓仁說道。為此，面對長輩家屋的建築東側立面，僅配置一扇長窗，視覺上保有可相互對望之外，往後若需要更多支援照顧，小窗口可拆除擴大，增加也拉近出入動線；1 樓衛浴空間尺度也特意放大，現階段配有淋浴、泡澡浴缸，共居後可重新改造成無障礙設計。另外 2 樓格局配置部分，目前規劃為兩房與一開放大起居室，起居室只要加上隔間材，亦能靈活擴增變成獨立一房。

天井日光配上植物、院子，成為日常最美風景

建築主體以當代白色塗料為主的小住宅，一來是考量年輕夫婦偏好簡潔的日式小建築，其次是建築師希望藉由統一色調表現完整的量體，承重擋牆部分則搭配斬石子的灰，與白色相互襯托。清水模圍牆作法實則為了兼顧預算與設計感，藉由經過特意排列的模矩化板材，待模板釘製後灌漿卸下即可完成，無須二次施工，自然的分割線條即是簡約純粹的立面風景。轉至西向圍牆，甚至於在建築施工階段，即讓機電電箱恰如其分地嵌入清水模當中，與建築形成一體。

絕大多數的窗選擇開在南向，一般房間是標準的方形大窗尺寸，廚房區域的窗戶與建築立面有著斜切角度設計，用意是可觀察家人是否有走過來，巧合的是，從室內望出也正好能看見老家屋泡茶的小石桌，回歸到立面設計，更是對於美感的呈現。住宅西向為解決西曬問題，將僅是過道功能的樓梯與樹安排於此，同時對應著立面的方塊孔洞，長形開口則讓人透過圍牆僅看得到樹與天空，順勢將視線向上延展。

認為建築應思考人與自然的連結、和諧關係，是丁尺建築師事務所看待小建築格外重視的一環。以此案為例，西側特別開了一口天井種樹，以樹為核心編設公共性較高的場域，如 1 樓客廳、2 樓起居空間，這棵樹如同家人般，天井就是它的房間，加上多處天窗設計，一併解決南部熱氣與通風問題，灑落的日光與植物便成了生活最美好的風景。配置於東北向的餐廳，另規劃對外的小院子，圍塑出此區的專屬風景，餐廳區域採架高約 16 公分設計，延伸一道平台，與院子形成高低落差，創造如日式住宅緣側的效果，天氣好時可坐在平台乘風納涼。

5

6

7

5. 西曬面降低開窗比例，幾個方塊孔洞的設計來自室內外環境思考，左上對應著樓梯位置，可看見些微鄰房的顏色，保有通透延伸感，長形開口則是對應室內天井植物，將人的視線自然往上延展。

6+7. 西側面同時開了一口天井種樹，加上天窗設計，讓生活與自然產生連結，實際上天井也可解決熱氣與通風問題。

8

9

10

8. 一樓空間配置爲開放式廳區，讓建築、室內皆維持材料本色，灰白木質基調，色彩的表現則在於傢具、燈具等軟裝。餐廳區域稍微架高一階，往外延伸平台如緣側效果，連結北向院子，成爲專屬風景。

9+10.將植物視爲家的一份子，公共性較高的場域皆毗鄰天井，2樓起居空間未來也能彈性增加隔間變成獨立臥房。

Q1 爲什麼屋頂設計了斜向的線條語彙？是否有什麼用意？

A 這是屋主特別提出的個人需求，希望屋頂高度不要超過老家屋神明廳高度，由於神明廳是望向西邊，因此讓新建小住宅屋頂從東面往西向斜，從老家屋室內向外望的視野也能往上延伸、不受阻擋，另一方面藉由西側較高的建築立面，一併將水塔、空調主機隱藏於此，形成如圍牆般的概念。

Q2 2 樓北向露台的平台設計概念爲何？鐵件方管的功能是什麼？

A Z 字型的平台不僅是階梯，結構設計上特意與地面產生脫開，平台底部藏有燈光，希望能營造出如漂浮的視覺，此高度也能作爲椅子使用，家人們輕鬆地坐在此閒話家常。一旁的鐵件方管，其實是維修爬梯，將金屬凹折成ㄇ字型，於灌漿時預埋進建築體當中，很自然地存在著，簡潔單純的線條也成爲建築立面設計的一部分。

DESIGNER

黃卓仁建築師、楊子瑩、楊皓鈞／丁尺建築師事務所
06-2236880 ／台南市中西區正興街 61 巷 18 號
architects.jr@gmail.com ／ jr-architects.com

CASE
STUDY
09
養老宅
新居宅
度假宅
民宿

座落地點／新北市三芝區

與松鼠、山林相伴，
重展五感舒暢的自然家

長年在大陸工作的盧先生及盧太太，異鄉的環境和文化氛圍的折衝始終讓他們無法與之貼近，時常想著總有一天要回到台灣，重溫故鄉的人情與自然。在偶然下，看到自地自建的書籍也就下定決心，回鄉蓋一棟屬於自己的心靈居所。

文__蔡竺玲　圖片提供__達觀總合設計事務所＋豐馳規劃設計有限公司

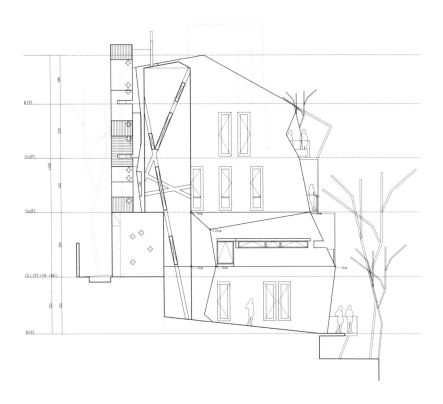

Data	
屋主	盧先生夫妻、小孩 ×1，共 3 人
基地狀況	都市建地
土地總面積	約 68 坪
房屋建地面積	32 坪
樓層總坪數	126 坪
格局	1F ／前庭、玄關、客廳、餐廳、廚房、閱讀區、陽台 2F ／長輩房、客房、祈禱庭、儲藏室、陽台 3F ／閱讀區、女兒房、陽台
建材	鋼筋混凝土、洗石子、INAX 丁掛磚、板岩石英磚、毛絲面不鏽鋼方管格柵、環塑木格柵、玻璃
結構	RC 結構
建造耗時	3 年 5 個月
完工日	2012 年 10 月

Cost	
建築工程	NT. 1,280 萬元
給排水機電工程	NT. 270 萬元
景觀工程	NT. 100 萬元
傢具家飾	NT. 95 萬元
裝潢工程	NT. 420 萬元
冷氣空調工程	NT. 78 萬元
土地總額	NT. 560 萬元
總價	NT. 2,083 萬元

．

長期在大陸從事文創產業的盧先生及盧太
太，面對當地的文化氛圍與內在心靈的衝擊，讓
他們始終心念著要回到故鄉台灣。原本只想建造
回到台灣的暫時居所，卻因為愛上了入住後的舒
適與悠閒，捨不得回到大陸，萌生了想長居久住
的念頭……

回到舊時故居，懷念當時的日光、人情

早年曾居住於三芝的盧先生，對當地的微氣
候、日光、風土人情十分懷念，而且緩慢的生活
步調，讓他在工作之餘，也能感受到愜意舒適的
生活態度。再加上這裡有大量的藝術家群聚居住，
極為濃郁的人文氛圍，而有了「三芝藝術村」的
雅號。因此在找地之初，就鎖定三芝區域，主要
目標則鎖定在兩條分別面山

迎海、環境優美的迎旭街和聽濤街。當他從
同樣在三芝居住的家人，得知有待售的房屋時，
立即請仲介協助，順利買下心儀之地。

為了完整實現屋主的心靈居所，夫妻倆找上
了建築師田種玉。田種玉以屋主的信仰為依歸，
在外牆做出鏤空的十字與祈禱庭的設計，意在融
入屋主的生活態度，展現人與建築不可分割的密
切關係。當屋主身置祈禱庭中，可讓人從鏤空的
十字中在一天之中看盡天光的變化，營造出神聖
的氛圍，也讓屋主在祈禱時得到心靈的寧靜。到
了夜晚，室內透出的燈光，則展現出虛實光影的
交錯。

而為了表現時間的過渡，建築師以混凝土和
洗石子做外牆，這樣的材質會隨著天氣、時間產
生變化，「下雨的時候，能看見水痕；時間久了
在洗石子的牆面產生青苔，藉此讓人體會到光陰
的流動。」

1

2

1+2.洗石子鋪陳的外牆,搭配鏤空的十字,
在白天和夜晚呈現出不同的氛圍。

鋪設生物棧道，展現與自然共生的意念

在設計之初，田種玉便時常跑來觀察當地的生態環境，看著頹圮的原始建築和後方兩棵被遺忘卻始終美麗的山桐子和山香圓，讓他決定以「共生」的概念，設計與環境和諧並存的建築。

為了能遙望對面山谷，每層樓都建造觀景陽台。陽台的屋簷下以鏤空的木條鋪設生物棧道，與大樹的枝葉相連接，拉近距離讓動物可以自由進出。「為了保留這兩棵生病的山桐子和山香圓，我們花費非常多的心力延請園藝學者進行醫治。」田種玉說道：「生物棧道完成後不久，我們就發現原居地的赤腹松鼠會沿著大樹來陽台覓食。現在更是已經在棧道上築巢了呢！」

這樣回歸到原始的環境，與蟲鳴鳥叫、風聲雨絲真實的碰觸，讓盧先生每天都能感受到更多的驚奇與美好，他說道：「自從住在這裡，我們的五感得以真實存在與舒展，你問我說最大的生活差異在哪？『我想我不需要使用安眠藥助眠，並且用一個愉悅的心情迎接每一個早晨，真實且和諧的與自然共存。』我想這就是我能告訴你的最大差異。」

3. 在閱讀區簡單擺上極具復古風味的綠色書桌，與一旁的古樸矮櫃相互映襯。

4. 無裝飾的祈禱庭牆面，以原始的混凝土表現素材的質感，陽光從鏤空十字進入，型塑神聖的氛圍，與屋主的信仰相呼應。

5. 外牆上另以不鏽鋼管格柵鋪陳，透空且不連續面的視覺效果，與混凝土實牆做出或虛或實、或輕或重的強烈對比。

6. 入口玄關利用復古面的磁磚展現濃厚的舊時情調，桌上的十字擺飾點綴出屋主的深切信仰。

7. 客廳以粉嫩的水藍色裝飾主牆，與樓梯間的銘黃對應，乾淨而純粹的顏色，展現舒服的居家氛圍。

8 屋簷的生物棧道，與建築後側的大樹相接，不時能看到松鼠、鳥類在棧道上跳躍行走，好不快活！

9. 亟需寧靜創作環境的屋主，以大開窗引進天光和綠意，能夠沉澱思緒。

10. 每層樓皆設置後陽台，不僅可以遙望對面的山林和近海，視野開闊，讓人心曠神怡。

11. 藉由陽台延伸開闊的視野，即便做菜也能欣賞到環境的美好。

Q1 如何在設計中展現與環境共生共存的意念？

A 透過田野調查後，觀察到對向山谷的地形與基地對比之下，原始地形應爲連續的且陡峭的坡地。因此在建築外觀上，運用側面折線象徵原有的坡地意義，嘗試修復因過度開墾造成的棲地傷害。

另外，並發現基地建物後側的兩棵大樹都罹患嚴重的病蟲害，爲了完整留住它們，我請屋主對其進行長期的復育治療。同時，建立原始基地的微生態資料，針對其不足的部分進行修補復育。透過原始基地的食物鏈體系回復，讓原來眞正居住於此的主人重新回來，赤腹松鼠就是曾在這基地上生存的住客。我們回復生態環境後，終於能重新看見牠們的蹤影。在每層樓的陽台屋簷下方留出空隙，設置生物棧道，讓動物有了一個移動的安全通道，讓健忘的赤腹松鼠找到一個可以收藏食物的好居所。一樓陽台上的松鼠巢、木櫺上的鳥兒佇足吟唱，終於看見人、建築、環境共生共存的好棲地。

Q2 如何在建築中展現虛實對比的設計？

A 考量到當地離海不遠，在混凝土外牆用洗石子包覆，孔隙較少的洗石子能降低海風

鹽分的損害。而爲了不顯太厚重，運用懸臂板和剪力牆的構造支撐建築結構，外露的懸臂板刻意使用厚度漸收的造型，讓整體構件與外觀變得輕盈。外牆再運用不鏽鋼管格柵，展現出一虛一實的對比。

Q3 祈禱庭有何特殊設計？

A 由於屋主定期會有祈禱的儀式，因此在建築主體前方設計一座 L 型片牆，牆面上方以鏤空的十字爲造型。主體刻意向後推縮，兩者之間形成一道有狹縫側光與頂光的祈禱庭，狹縫的開口則朝向太陽升起的方位，讓晨曦得以斜

射進入，十字的光影就此呈現，仿若聖潔的十字架，運用自然天光型塑出神聖氛圍。

Q4 請問屋主，能否給想要自地自建的人一些建議？

A 在找地的階段，建議在自己可以負擔的經濟下，以挑選良好環境、視覺景觀爲主，因爲現今交通工具的便利性提高，所以生活便利性只要有一定程度的方便即可。

而在蓋房子階段，我覺得找到對的設計師是興建一個夢想宅最爲重要的關鍵。過程中，由於我在大陸工作，必須利用冗長的信件往返，從 2007 年到 2012 年尾，期間經過調查、概念、設計、施工等等不同階段，建築師始終以積極、認眞且細心的態度在執行，那種嚴謹的態度讓我們深受感動，所以我覺得蓋房子的階段最重要的事情就是選對設計師。

DESIGNER

田種玉／
達觀總合設計事務所＋豐馳規劃設計有限公司
02-2634-1358
matrixtech.axisarch@gmail.com

CASE
STUDY
10

養老宅
新居宅
度假宅
民宿

座落地點／澎湖縣

回鄉蓋屋挑戰不可能，
在澎湖蓋一間清水模住宅

因為眷戀故鄉的土地，莊書碩在台灣本島工作了幾年後，選擇回到澎湖落腳、生根，蓋一棟清水模住宅，完成自己多年來的夢想，也讓家人有個舒適的居所。

文＿余佩樺　攝影＿ Yvonne　圖片提供＿立建築師事務所

1F 平面圖

3F 平面圖

2F 平面圖

B1 平面圖

圖片提供＿立建築師事務所

Data

屋主	莊醫師、父母、姪子
土地總面積	約 108 坪
房屋建地面積	約 55 坪
樓層總坪數	約 178 坪
格局	清水模、實木格柵、鋁金屬板、磨石子磚
建材	清水模、RC
結構	鋼筋混凝土
建造耗時	2 年 2 個月
完工日	2010 年 5 月

　　因爲採訪關係，首度踏上離島澎湖，當時正逢5月初，此刻當地早已進入炎熱氣候，地形環海的關係還能時時嗅到海洋味道。驅車前往莊醫師家裡，心想，在如此特殊環境中，要蓋一棟清水模建築應該很不容易吧⋯⋯。一段路程之後，不用門牌、不靠問路，那獨特的建築外觀，從老遠就猜到這鐵定是莊醫師的家。

　　原來，莊書碩醫師自醫學系畢業後，曾在台灣本島工作、生活過，但還是適應家鄉氣候與環境的他，時常想著總有一天要回到澎湖落腳生活。因緣際會，買下了這塊位於馬公市的土地，幾經思索後，他決定要在澎湖蓋一棟清水模住宅，「曾經也有人在當地蓋過清水模住宅，但未能成功。」莊醫師心想，既然一定要成功，那勢必得借助台灣本島建築師的力量，於是，他委託立建築師事務所廖偉立建築師與團隊，一同來完成這項不可能的任務，同時也一圓自己回鄉蓋屋的夢。

順應在地環境，找到適切的住宅形式

　　一開始就知道自己想要的是清水模住宅？「當然沒有啦！也是在準備蓋房子過程中，陸續拜訪了分別在台灣與澎湖朋友的家後，我發現自己想要的是那種簡單、不浮誇的建築形式，慢慢才知道原來這是所謂的清水模建築。」

　　當然，莊醫師也曾經想過蓋磚造建築，但是，讓他最後決定採用清水模住宅的關鍵點其實是在地氣候因子，「澎湖是個海島，地形關係常有『風吹沙』情況出現，住宅長期在風飛沙吹拂下，外觀不只受風害所影響，還會覆蓋一層灰褐色外衣。爲了降低這些破壞因素，最後決定以灰色的清水模住宅爲主，長久之後也不用擔心附著太厚重的砂土，看起來自然而非陳舊。」

1. 善用環境地形，特別在基地外圍規劃了綠意盎然的植栽區，經過莊醫師的不斷嘗試，終於成功種植出雞蛋花，為建築增添綠意和滿滿的生氣。

2+3. 為了抵抗澎湖強烈的風沙，外牆僅局部開少量的窗，主要的光線來源，來自室內一個個不同比例就像洞穴一般的開口。

4. 莊醫師的家鄰路口，清水模住宅運用木架構做包覆，可以阻擋路人視線也確保生活隱私性，同時還造就出一棟與附近鄰居截然不同的房子。

　　選定了建築形式，接下來還需要克服的是建材取得以及施工問題，由於清水模住宅須搭配專業性技術，在輾轉接觸了廖偉立與其團隊，看了他們的作品後，決定交由他們來做一連串的設計、規劃以及施工，甚至連營造商技術、建材也特別從台灣本島延攬至澎湖當地。

　　獨特的建築形式，對於附近的鄰居來說，突然出現一棟與大家完全不一樣的房子，勢必引來不少話題？莊醫師笑說：「是啊！正因為外形太特殊了，蓋的過程，有人會好奇你究竟要蓋什麼樣的房子？房子蓋好後，則是會有人來問你家真的蓋好了嗎？」或許是被問多了，他說這些「反饋」很有趣，也絕非在蓋屋前能想像得到的。

外觀看似完整，但裡頭有著非傳統安排的設計

　　在了解澎湖特殊地形與氣候後，廖偉立衍生出「洞穴」的概念，運用清水模撐起整棟建築，建物連同地下室共為四層樓，每一層的平面切割成九宮格，從中去分配格局位置，進而也找出錯落式設計，製造出一個個不同比例的開口，從外觀看似乾淨、完整的房子，裡頭其實有著非傳統安排的設計。

　　穿過廊道進入室內公共區域前會先看到地下室的魚池與天井，空間沒有全被實牆給占據，除了滿足莊醫師認為居住環境必須與外界做連結外，也完成他能在自家栽種植物、養魚的渴望。「天井不只引進了光線，有時下雨雨水直落半戶外空間，感覺也很好。」莊醫師笑著說。進入到室內一樓為公共區域，一部分為餐廳、廚房，透過開放式手法，讓一家人能在這個環境親密互動；另一部分為沙發區，穿透隔間手法可以看到室外水池，讓人身處於室內也能從不同角度感到陽光、空氣、水的環抱。二樓的規劃也很特別，各個空間也是從單層平面的九宮格出發，分別散落在不同角落，中間則留給重要的起居室，原來這樣安別是別有用意的，「我不太喜歡上了二樓後就各自回到臥房裡，所以特別規劃了起居室，讓家人在進房休息前，能在這個小環境裡有多一點的互動。」至於三樓的規劃也承襲這樣的概念，空間留給戶外陽台居多，讓人走出室內就能與自然做近距離的接觸。

　　的確，空間在縮小了臥房的尺度、減少單層之間的衛浴間數後，家，對莊醫師一家人而言變得更有趣、有生氣，一家人情感也變得更加親密。

5. 喜歡養魚的莊醫師，在空間其他處也規劃了魚池，針對魚池大小、魚種所需環境來決定魚的種類。他說，看到鯉魚在池裡游動的模樣，心情會變得很好，同時也感受到另一種生氣。

6. 清水模看起來自然，相較於使用塗料的外牆，也比較能在澎湖海風的侵蝕下維持建築物外觀，而不顯老舊。

7+8. 整體建築共為四層樓，每一層的平面切割成九宮格，從中去分配格局位置，進而也找出錯落式設計，製造出一個個不同比例的開口，這些開口別具意義，有的引光、引雨水，有的則像是畫框般，擺上蒐藏品也別有趣味。

157

9+10. 為了有助於室內的通風與採光，空間中適度加入大面落地窗設計，並顧及隱私外加木格柵，即不影響視線、生活也獲得了保護。隨著太陽升起與落下，還可以看到日晝之間的光影變化。

11. 二樓包含了臥室、書房、起居室……等，最重要的一部分留給了起居室，會這樣安排，主要是因為莊醫師不希望家人上了二樓後，就各自回到臥房裡，這間起居室的用意是想要家人在進房休息前，能有機會在這個小環境裡多點互動。

12. 三樓也沒有配置過多的房間與衛浴間，莊醫師希望這樣的空間配置，能將環境用於走到戶外陽台，讓家人只要走出室內就能與自然做近距離的接觸。

Q1 建築中也使用了不少鐵件，是否需要注意些什麼？

A 鐵件因其本身特性使然，還是會有鏽蝕情況產生，特別是在風飛沙多且靠海的環境下更是容易發生。為了減緩這樣的問題，在鐵件上都做有熱浸鍍鋅防蝕技術，能有效的防蝕，也降低影響整體視覺外觀。

Q2 空間中規劃魚池，要做哪些考量？

A 要在室內空間中規劃魚池，事前須做好基地評估，為了加強穩固性選擇下凹設計，讓魚兒有足夠的深度做活動。空間植入魚池勢必會擔心濕氣問題，這也是為什麼空間會搭配一個個不同比例的開口，讓水氣能順應環境揮發，不讓整體濕氣過重。

Q3 建築結合自然造力，在設計前需要做好哪些設想？

A 由於屋主希望建築能結合自然造力，在規劃前要先評估當地環境適合配合哪種自然資源，例如：風力、熱能、水力……等，由於澎湖日照強，便選擇在建築頂端加裝太陽能板，儲存下來的電可以再送回台電，做到能源再運用之目的，也讓建築對環境做了一點貢獻。

Q4 風飛沙也會影響水塔外觀，有什麼辦法可以做改善？

A 為了降低風飛沙對設備用品的破壞，選擇在三樓規劃了一間儲藏室，將水塔、發電設備等放入裡頭，這些設備用品不會被輕易破壞，同時置於室內還能延長使用壽命。

DESIGNER

廖偉立／立建築師事務所
04-2316-2037／台中市西屯區華美西街二段 311 號 5F-3
welly668@ms39.hinet.net

CASE
STUDY

11

養老宅
新居宅
度假宅
民宿

圖片提供＿ ndzio lin aechitekten ＋何東光建築師事務所＋清水建築工坊

座落地點／台中市

由清水混凝土建築工藝
框起的藝術之家

建築本是該理性探討的議題，但熱愛藝術蒐藏的曾氏夫妻加上有點藝術性格的建築師，即使是冰冷的清水混凝土建築，因爲情感思維注入也有了溫柔的另一面。

文＿陳佳歆　攝影＿ Yvonne　圖片提供＿ ndzio lin aechitekten ＋何東光建築師事務所＋清水建築工坊

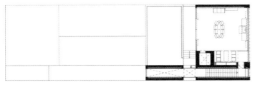

4F 平面圖

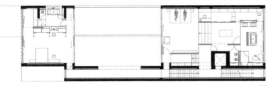

3F 平面圖

2F 平面圖

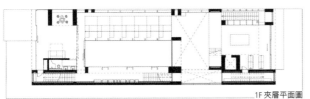

1F 夾層平面圖

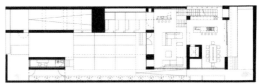

1F 平面圖

圖片提供__ ndzio lin aechitekten ＋何東光建築師事務所＋清水建築工坊

Data	
屋主	曾氏夫妻
基地狀況	建地
土地總面積	173 坪
房屋建地面積	83 坪
樓層總坪數	240 坪
建材	清水混凝土、大理石、緬甸柚木、霧玻璃、綠檀木
結構	清水混凝土板牆結構
建造耗時	3 年
完工日	2010 年

　　曾氏夫婦是一對非常獨特的藝術收藏家，全家人在舊金山住很長一段時間，喜歡國外和自然親近的生活方式，回台灣後，藉由宛如藝術作品的清水混凝土建築，實現了多年來夢寐以求的理想家園。

藏身於喧囂市區中靜謐住宅

　　台中市第七期市地重劃區，在有計劃性的規劃及整頓下，無論是交通建設、生活機能、學區、商圈都梳理出良好條理和秩序，也使得這裡成為目前台中市最有身價的黃金地段。曾宅的所在位置離熱鬧的商圈僅有幾個街口，沒幾公尺的距離，卻馬上從車水馬龍的喧囂街景轉為悠靜的單純住宅區，建商規劃的住宅貼齊寬闊街廓，制式的外觀樣貌讓人一時分不清東南西北，此時一棟純粹的灰色建築打破秩序出現其中，像畫作中的一處留白令人驚喜，沒看門牌就知道已經到了曾宅。

3

1. 業主有大量的藝術蒐藏，設計師利用銜接前後空間的梯階創造複合式的空間機能，規劃為開放式的藝術展示空間，每一個擺放的藝術品都事先測量尺寸，量身安排擺放的位置。

2. 北側主要為小孩的臥房，所在方位較不會受到日照光線影響，對寢居來說更為靜謐舒適。

3. 狹長形的基地以四合院住宅概念圍塑一個較封閉的中庭，主要居住及活動空間落於前後方，空間層次從中庭的三個低落差平台開始，循序漸高延續至屋內，隱然有步步高升的意味。

在建案林立的七期住宅區裡買地蓋一棟自己的建築，感覺有點不按規矩走的叛逆，但長年居住國外的曾氏夫妻，早已習慣國外自由開闊的生活，一直想爲回台灣的心找一個定居的價值和理由。因爲基地過於狹長對建商來說開發利益有限，曾氏夫妻因此有機會將它買下，構築屬於在台灣生活的居住價值。在參觀好友彭宅之後很喜歡建築師林友寒的作品，於是邀請建築師爲自己建造一棟兼具藝廊與住宅的私人空間。曾氏夫妻對於建築要求不算複雜，主要期望能夠像住在國外一樣開闊，能時常感受與自然親近的感覺，最重要的是將爲數衆多藝術蒐藏規劃展示及收納空間，打造一棟兼具藝廊與住宅的私人空間。

讓藝術品融入建築工藝的至高表現

建築基地窄長，又緊鄰左右住宅，坐南朝北的方位在周遭建案規劃之初早已底定，但設計解決問題的本質同樣在此適用，就像建築師林友寒曾經提過「在所有接觸的訊息，如經濟、文化、社會環境與業主都不一樣的情形背景之下，每件作品都有其構成的特殊性。」因此無論基地條件及外在環境狀況，又或業主的期望如何，總是有最平衡的解決方案，或許困難的地方在於平衡感的拿捏。曾宅以現代建築形式融合四合院住宅概念，主要活動空間落於前後，左右樓梯通道有如護龍，四周圍塑一個較封閉的中庭，且結構嚴密進來的方式有庭院深深、步步高升的感受，一進一進的方式也具有傳統建築私密性高的優點

從整體建築布局來看，客廳、餐廚房、書房及臥房位於南北兩側，正好較不會受到東起西落的光線影響，並以錯層而連續的方式向上堆疊延展；由外推開高聳的大門後，明亮的中庭由三個循序漸高的平台引領向前，右側則爲潺潺水池，巧妙的運用設計安排華人社會不能免俗的風水，再踏上 3 個矮階隨即進入中央「門廳」也就是接待賓客的主要空間，廚房和餐廳位於客廳後方半層樓高的位置，上方樓層即爲工作空間及主臥。建築師利用東西側的通道作爲藝術品展示平台，琳瑯滿目的藝術蒐藏隨著拾級而上的階梯序列擺放，西側樓梯單純扮演串接前後空間的作用，隨著階梯穿梭其中，頗有柳暗花明又一村的驚喜感，空間彼此交錯卻不複雜，當你以爲迷路時，轉個彎又回到原本熟悉的入口。外觀看似簡單的清水混凝土建築，內部層次卻帶來豐富的居住體驗，樓梯設計更增強居住者對空間的感知度，就像一首簡單卻結構分明的新詩，讀後令人回味再三。

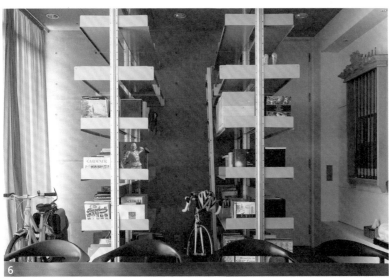

4. 客廳正對中庭，是接待賓客的主要空間，挑高天花展現「門廳」應有的大器，落地玻璃窗外以圍籬及植栽，盡可能為空間注入自然綠意，同時與緊鄰住宅區隔。

5. 建築師比照專業畫廊的規格，為業主豐富畫作另闢一個專門的蒐藏空間。

6. 會議室一隅能看見清水混凝土牆面的展現，圖書館式的落地鐵製書架，營造會議空間的理性嚴謹。

圖片提供__ ndzio lin aechitekten ＋
何東光建築師事務所＋清水建築工坊

圖片提供__ ndzio lin aechitekten ＋
何東光建築師事務所＋清水建築工坊

6. 這棟鋼筋混凝土結構體，以白色塗料創造出簡單、乾淨的建築立面，適合南部的氣候，也替舊社區帶來不一樣的
   視覺感受。

7. 深邃而窄長的西側樓梯串接前後以及上下層空間，下樓時能看見錯層的接口。

8. 空中花園是主人房和小孩房的銜接橋樑，不用特別繞道親子之間就能在此聊天談心。

9. 規格化的廚房門板尺寸，成為建築師規劃空間的起點，白色的門板與灰色混凝和諧相襯，建築師也說：「在歐
   美廚房也一向是居家的重要空間」，在這裡和好友聊天更加無拘。

Q1 無法改變坐南朝北建築方位，該如何規劃空間？

A 早已訂定的基地方位雖然是坐南朝北，但也不影響空間格局分配，因爲基地屬於窄長形，將臥房及活動空間配置於日光較不會干擾的前後方，反而更達到休憩所需的舒適度。

圖片提供＿ndzio lin aechitekten ＋何東光建築師事務所＋清水建築工坊

Q2 大量的藝術蒐藏作品要如何與空間結合？

A 業主的藝術品蒐藏數量相當多，除了依照藝術品的特性，在每個空間都留下適當的展示位置，另外需要展示的大型雕塑藝術，在串接前後空間的階梯規劃一個開放式的藝術展示區，讓藝術品與空間能夠相互借景融合。

Q3 如何解決超狹長形空間產生的問題？

A 因爲這塊基地相當狹長，跨距大約 14 米、長約 30 米左右，建築除了以台灣傳統四合院圍塑出中庭的概念將臥房分配於前後端，使活動空間長寬比例適當不會過於窄長，空間並以錯層的方式向上堆疊再利用各種樓梯串起連續，整體空間因此更有層次，同時也滿足屋主「庭院深深，步步高升」的空間期望。

DESIGNER

林友寒、廖明彬
behet bondzio lin aechitekten ＋何東光建築師事務所
＋清水建築工坊
04-2316-4251 ／台中市西屯區華美西街二段 311 號
3 樓之 3
www.fuguach.com.tw

3.

度假——

**依山傍海、遠離喧囂，
享受假日的第二個家**

文、整理｜黃敬翔

在都市叢林待久了，偶爾會很想逃離一切喧囂，回到大自然的懷抱中。比起週末假日到飯店住一晚，愈來愈多都市人選擇到山林海濱直接買棟度假屋，甚至進階自己買地蓋屋，給自己跟家人一個喘息的秘密基地，過愜意的五二生活（五天在都市，兩天生活在郊區）。

重點筆記 Key Notes

1. 住家與度假屋間維持適當車程，假日生活品質更優。
2. 山坡地、海濱地都各有可能產生的問題點，選地蓋屋前務必要多加留意。
3. 度假屋要有度假的氛圍，才能讓居住的人真正放鬆。

3.1 選地

蓋度假別墅，選地通常與美景脫不了關係，不是依山而築、傍海而居，就是臨近熱門的觀光景點，或是具自然人文或歷史風貌區，唯有真的很喜歡，才會願意多花一筆錢打造第二家園，並一到假日就往那跑。

Point 1 選在方便與住家來往的地方，省下通勤時間

若希望五二生活的體驗有品質，在選地時除了考量當地風景、人文氣息自己是否喜歡外，更要考慮與住家的實際距離，以及每次來回一趟所要花費的時間。想像一下，長期處在高壓的工作與都市生活的你，終於熬到平日結束後，可能就想立刻奔向位於大自然的度假別墅，或隔天週六大清早出發，然而若是車途遙遠，每週重複下來，反而會讓假期生活更加疲憊。

因此，選擇蓋度假屋的地點時候，要考慮車程時間，鄒先生在新竹縣竹東鎮海拔高度約 550 公尺的度假山莊，就因為有 68 號快速道路連接，從市區的家到此只要半小時多的車程，成為入手關鍵點之一。對於北部地區的人來說，新竹縣芎林鄉、寶山鄉臨近北二高竹林交流道的交通優勢，使得在該地蓋屋作為度假別墅或退休居所非常熱門。另外提醒，如果選址在熱門觀光區周邊，假日可能會面臨塞車等問題，建議謹慎評估。

Point 2 伴隨特殊景觀或生態環境的土地，各有注意事項必須留心

如果想要享有特殊景觀或生態環境的度假生活，除了交通、氣候及生活環境等外，也要特別留意心儀的地段包括地形、地貌、地質、水電來源等土地條件，並清楚掌握土地的安全性。熱門的度假宅地點，包括山坡地、海濱地等類型，這些土地各有優勢和缺點，主要取決於各自的喜好，但在選擇之前，要先考量到可能產生的問題。

選擇山坡地時，絕對要避開台灣經常發生的地震區和土石流區，最好先上網查詢活斷層與土石流相關資料做了解，以免因地震造成崩山、地滑、土壤液化，甚至承載不足而地層下陷，或經歷雨水強力沖刷，遭受重大損失。蓋在靠近海濱的地區，雖然能享受大海美景，但要注意大雨或颱風時是否會有淹至房屋的情形。另外，濱海地區時常有地層下陷的問題，在看地時也要詢問周遭鄰居是否有類似的情形。

攝影＿＿Yvonne

在山區，木屋更能融入自然環境當中。

Point 3 氣候問題別忽略，可能影響前往頻率

台灣每個地區都有自己的氣候條件，如果想在山上或海濱蓋度假屋，便要了解當地一年四季的氣候變化，預先做好心理建設或房屋規劃上的預備，以免真正入住後，才發現某些季節或時候根本沒辦法常去，導致使用頻率減少，下次度假的時候又要花許多時間打掃整理。

舉例來說，新竹冬季東北風強盛，房屋座向最好坐北朝南以抵擋冬天寒冷北風侵襲；宜蘭因為西高東低的地形，出於迎風坡而終年有雨，要尤其注意春季反潮帶來的嚴重濕氣，夏季則有颱風問題；屏東緊臨巴士海峽的恆春半島區域受颱風侵襲的頻率最高，蓋屋時就首要注意結構與建材。雖然山勢不高，但每年 9 月東北季風直灌形成強勁落山風最易造成災害，考驗著居住生活。

攝影＿＿Yvoone

若住在山上，就要注意四季溫差大，連帶影響建築的設計。

Q&A 找地疑難

Q01 想買一塊山坡地蓋屋，但經過的產業道路附近幾乎沒有住家，不知將來是否有防盜安全問題？

住在山上，的確可以享受與世無爭的悠閒鄉居生活，但若購買山坡地蓋屋，附近沒有鄰居，必須考慮到安全與防盜問題，雖然台灣治安良好，但小偷還是不少，若能選擇社區型的山坡地，至少有門禁管理，附近鄰居還可彼此守望相助，對未來居住安全會比較有保障。

Q02 開發商規劃的社區型山坡地，未來沒有管理、防盜問題，但附近道路大雨會坍方，這樣還可以買嗎？

買山坡地蓋屋，不論社區型或單筆土地，還是得考慮交通狀況，許多山坡地只有產業道路，雖蓋屋區塊坡度不超過 30 度，可興建農舍，但通往該地的道路確危險重重，太過陡峭，出入時會有安全疑慮，則必須審慎考慮。

買山坡地，最好選擇依地形規劃，不大量挖土、填方的土地，若該區完全沒有樹，長滿芒草，很可能經過大規模整地，必須特別小心。此外，若山坡地上的樹已傾斜，很可能有土石崩塌的危險，也必須慎思。

Q03 聽說山坡地的蓋屋面積、建築高度根據不同的「使用地類別」有所差異？

是的，從地籍謄本上可以看見該山坡地的使用地類別。

1. 農牧用地──農地
基本的限制相同於一般農地之農舍申請，都須依照《農發條例》和農地興建農舍的相關辦法來執行，但仍因其坡度和面積而有所影響。建蔽率以基地內、3 級坡（坡度超過 15% ～ 30%）以下的面積為基準計算，也需提交水土保持計畫書，但若農地坡地少於 5%，可免填。

2. 林業用地──林地
根據《農發條例》規定，林地也是農地的一種，可以申請蓋農舍，適用一般農舍相關法規，但管制上更為嚴格。申請建照時，不僅須視情況附上水土保持計畫書，若其地目為「林」，尚要經過基地所在縣市的林務局同意方能執行，切記不可擅自蓋屋，否則可能因此吃上官司。在部分情況下，山坡地保育區的「林業用地」有可能透過申請變更為「農牧用地」，但它必須符合

區域計畫法規，並且經過林業主觀機關的核准，考慮因素包含基地的坡度、水源、水土保持計畫等多方面向，並不容易。

3. 丙種建築用地──丙建（建地）

一般來說，山坡地保育區的丙種建築用地，其建蔽率爲 40%，容積率爲 120%。購買無特別條件限制，取得土地後，即可依建築相關法規申請建照，建築用途可爲住宅或店鋪。有關建築面寬規定，則《山坡地建築管理辦法》辦理。

Q04 看中一塊建地想自地自建，但似乎位於自來水管線末端，不知會否有缺水問題？

買地購屋，用水問題是篩選時的重要關鍵。若想要用自來水，必須先確認該處是否有自來水管線，且是否處於管線末端。管線末端的土地，即使申請了自來水，到了缺水時，很可能就成爲最早限水的地區。此外，有些地區的自來水，一遇到降雨量爆增，水庫含沙量大時也會限水。建議買地時，評估該處是否經常停水，若沒有自來水，是否還有地下水、山泉水等替代水源可用，否則蓋屋時必須增設儲水設備，或雨水回收再利用的環保設計。

Q05 我們想在沿海買土地蓋房子，請問在選地時要注意什麼事情呢？

台灣四面環島，除了強大的風力吹蝕外，還有海鹽的侵蝕，靠近沿海興建的房子幾乎每年都必須花錢維修。另外，近年來沿海地區因爲抽取地下水導致地層下陷問題嚴重，因此建議若想要在沿海買地建房子，最好要三思而行。

Q06 在沿海購地要注意地層下陷的問題，要怎麼預防呢？

目前政府尚未有關於地層下陷的公開調查資料可供參考，因此購買沿海土地之前的檢視方法，就是親自到現場了解該筆土地的實際狀況，或向鄰居多方打聽消息，確認該筆土地過去的使用狀況，查詢是否曾發生過地層下陷的問題。

攝影－蔡笠玲

濱海地要注意颱風季節是否會有淹水的問題。

3.2 空間規劃

作爲週末假日或閒時才來的基地，度假宅的空間需求未必要跟一般自住宅完全一樣，有充足的收納空間、隔間等等，反而因爲並非主要生活場域，更能將空間保留給自己，達到休息放鬆的目的。

Point 1 讓景觀特色成爲空間主角

一般住宅中，由於忙碌於生活的關係，家中不管怎麼收拾，總是一個不留意就變得亂糟糟的，可能到處都充斥著脫下的領帶外套、小孩的作業與玩具……等。因此，到了度假宅，除了遠離都市的喧囂，自然也想暫時告別日常生活中的雜亂。對於度假宅而言，居家機能不一定要做滿，甚至房子也不用太大，蓋棟小屋，將焦點轉向好不容易得來的周遭美景。像是 Jessie 在苗栗打造的度假小屋「椢曦」，土地總面積約 1,800 坪中，只選擇打造 25 坪大小的一層樓小屋，讓山成爲主角。

若是基地周邊住宅較少，可以在主要會待在的客廳、餐廳或起居空間採用大面落地窗設計打造穿透視野，將更多採光以及窗外的山景、海景引入室內，讓身在裡頭的人，更能感受到與平日都市生活不同之處。

攝影＿王正毅

大面玻璃引進陽光，再加上一座藤椅，一處休閒觀景區就此誕生。

Point 2 融入異國風情，打造出國度假氛圍

度假屋，顧名思義就是要有度假的氛圍，怎樣才能讓人眞的有放鬆的感覺。而氛圍打造，取決於屋主對材質、風格的喜好，針對喜好，才能設計出讓居住者放鬆的風格，達到療癒的休閒效果。

風格的打造，可以從建築外觀以及室內設計分開著手。常見受歡迎的建築風格，包括講究對稱造型、門廊調高、外牆以羅馬柱裝飾的美式新古典建築；全屋以木板和原木柱組成、屋頂斜度明顯、

以磚石疊砌和灰泥塗成外牆的英國鄉村風；外牆以大地色系為主，有連續拱門迴廊的南歐風別墅；具有以石塊疊砌的牆體、表面再抹上灰泥，房宅多為平頂且牆角等邊緣處導圓角等特徵的地中海希臘風；另外還有我們熟悉的北歐風、日式住宅等風格。

室內設計的部分，則可以延續建築外觀的元素繼續規劃，如果希望有日式建築的風格，便可以運用木質、竹子、石材、榻榻米等元素設計，另外也有無印風、侘寂風等，從裡到外透過不同的設計語彙，讓空間呈現豐富的表情。

攝影＿Yvonne　　攝影＿蔡宗昇

蓋一棟具有異國風情的度假宅，讓每一次到訪，都猶如到國外旅遊一樣。

Point 3 若未來有其他計畫，應事先保留更多運用彈性

由於度假宅通常會結合附近的景觀打造，有些人在蓋度假宅時，會同時考量未來將其作為民宿經營的可能性，或是在此開課授課、充當個人工作室等，將建築的運用發揮極致。不過，民宿與度假宅的空間規劃思維並不相同，如果有這樣的計畫，應該在設計階段就提出，才能預留空間，未來真的要執行了，也能不做任何修改便直接啟用。

攝影＿Yvonne

外國常見的壁爐設計為家注入溫馨感。

Q&A 空間規劃疑難

Q01 我想在山上蓋木屋，聽說山上比較潮濕，木屋如何防水？在哪些位置要特別注意？

木建築皆採用斜屋頂就是在於可利於排水。另外，屋簷最好能挑，並在邊緣加設集中雨水的溝槽，避免外牆被淋濕。由於木材怕潮，除了地基抬高，遠離地面的濕氣，且還要避免水管漏水，尤其在衛浴與廚房，無論是出水管、下水管、糞管，都要避免出現滲漏或回堵。因此在一開始就要規劃好排水，如果可以的話，這兩種空間最好能採用 SI 工法與木結構分開，也要加強地板與牆面的防水層。

屋頂封板的上方都要鋪一層以上的防水毯，避免雨水滲入瓦片縫隙。至於外牆與陽台、露台的地板，木料盡量避免使用遇水容易腐朽的松檜杉，富含油脂的熱帶硬木比較耐水。外牆（尤其是迎風面）若能設置等壓層的結構，能抵抗風壓把雨水灌入牆內縫隙。倘若為木質外牆，除在牆板內側附加防水膜，最好還能在外側加上防水板或塗佈避水劑。

山上木屋容易潮濕，海邊木屋則因海風含鹽分而腐蝕性高，所以選擇防腐材相當重要，尤其戶外和室內建材適度差異大，建議在挑選時可要求廠商提供充分資料及詳細分析。

木屋各區的防水措施

位置	防水要點
屋頂	1. 材質防水、鋪面無縫：屋瓦、防水層、雨水集中槽與出挑的屋簷能避免牆體被淋濕。 2. 屋簷出挑，並設有滴水線。
外牆	1. 材質防水：防水板材或富含油脂的硬木。木質牆板的外側加設防水板。 2. 鋪面無縫：牆板之間確實填縫。
地基	1. 基礎鋪設防水布，木料應使用防腐材。 2. 地基抬高 45 公分以上，避免木結構遭雨水淹浸或被濕氣侵蝕。
衛浴與廚房	1. 出水管與排水管不滲漏：銜接緊密、材質無破損、管線耐震。 2. 排水管不堵塞回流：加裝排水馬達。 3. 牆壁與地板塗佈 PO 防水層。

Q02 在一開始蓋木屋時，要怎麼施工才能確保白蟻不來？

台灣的木屋營建，最弱的一環就是防潮。說到木屋防潮，很容易就聯想到木材腐朽的問題，而腐朽與蟲蛀原本是兩碼子事，但由於白蟻喜歡潮濕的環境，因此往往這兩個問題經常合併發生。台灣常見的有家白蟻（大水蟻）與日本白蟻，等到木屋蓋好，發現有白蟻了才來補救，問題其實很難完全根除，所以木建築的防蟲仍得回歸防潮，保持木屋的乾燥。

1. 木屋周邊排除雜物斷絕蟻路：在進行基礎工程時，基地需先經過整地，土方重新翻過後施灑防白蟻的藥，先斷絕白蟻入侵的路線。房屋周圍方圓 1.2 公尺以上不要放置雜物和讓野草蔓延，以免形成白蟻聚集的溫床，同時在此範圍內不要設置自動灑水系統。

2. 碎石頭加上抬高基地防潮更完備：在水泥底板下放置碎石頭，阻絕混凝土吸水，同時基地需抬高 45 公分以上，不僅避免濕氣，更能防止白蟻從土壤直接侵犯木屋。

3. 可設置長期防堵系統：若是擔心白蟻入侵，除了可以選擇經過處理的材質、基地架高等措施之外，還可以透過長期防堵系統，像是建置地下型餌站，確保白蟻不來。

4. 防制白蟻的藥劑種類

（1）化學藥劑處理
主要在居間建築四周鑽洞、灌藥，建立建築物的白蟻阻隔帶（阻絕帶），利用殺蟲化學藥劑（termiteicide or insecticide）有效、立即消滅危害中的白蟻，同時可阻絕白蟻再次入侵，但無法有效消滅白蟻族群或滅巢。

（2）生物性防治處理
在考量健康、安全及環保需求前提之下，希望化學藥劑能少用或不要使用時，依白蟻生物特徵所研發的白蟻築群消滅系統（termite colonyelimination system），是目前唯一可符合提供產品及服務。

攝影—王正毅

打造木屋要留意防潮，才能避免白蟻的入侵。

Q03 木構造的房子在防火上有沒有特殊規範？

《建築技術規則》「建築設計施工編第三章」規定了木構造應有防火設計。樓地板總面積達 1,500 平方公尺者，牆壁、門窗阻隔的防火時效應超過一小時以上；面積愈大，防火時效就愈長。建築與建築之間也應依法流出防火巷的距離，避免延燒。走廊、出入口等通道也應利於逃生。

整體而言，木造住宅的防火關鍵在於一開始的規劃就必須納入消防概念。尤其是各項材料的耐燃性與防火能力，攸關防火時效的推算、防火區與逃生通道的規劃，以及整棟建屋的防火能力。還有，各區設置煙霧警報器能警示火災的發生，甚至連結自動滅火設備。若能在管道間加設防火擋板，則能避免火焰與煙霧蔓延。

CASE
STUDY
12

養老宅
新居宅
度假宅
民宿

座落地點／新竹縣竹東鎮

兩隻老鷹盤旋一見鍾情，
海拔 550 公尺上的圓夢屋

夫妻兩人都是大自然的愛好者，也是露營社的基本班底，兩個兒子從小就跟著爸爸媽媽上山下海全台跑透透，每到周末假期都是往戶外衝。喜好無拘無束生活的一家人，越來越覺得市區裡的公寓已經待不住了，那麼，就住到青山的懷抱裡吧！

文＿洪翠蓮　攝影＿葉勇宏　圖片提供＿威聖設計有限公司

圖片提供__威聖設計有限公司

Data	
屋主	鄒先生夫妻、兒子 ×2，共 4 人
基地狀況	山坡地
土地總面積	約 1,600 坪
房屋建地面積	房屋建地約 60 坪、景觀花園約 150 坪
樓層總坪數	約 148 坪
格局	1F ／客廳、長輩房、和室、廚房、餐廳、廁所、陽光屋、戶外泡茶區 2F ／主臥、小孩房、浴室、書房、小閣樓 B1 ／休閒工作區、木工工作室
建材	房屋／RC、H 型鋼、SPF（結構 1 級）、南方松防腐材、阿拉斯加扁柏、鐵平石亂片、木紋磚、松木企口樓板、複層玻璃氣密窗、鑲嵌玻璃、柚木集成材實木地板、人造石、日本柳杉造型柱、榻榻米等 景觀／南方松防腐材、植草磚、枕木、大石、荔枝面踏步石板
結構	RC+ 鋼骨構造及木構造
建造耗時	約 10 個月
完工日	2012 年 3 月

Cost	
建築工程	NT. 660 萬元
給排水機電工程	NT. 90 萬元
景觀工程	NT. 50 萬元
裝潢工程	NT. 95 萬元
土地總額	NT. 800 萬元
總價	NT. 1,695 萬元

　　「你相信緣分嗎？」男主人鄒老師想起自己與老婆的夢想，在短短十年間就能實現，自己都覺得很不可思議。或許平時就在大自然的洗禮下練就一身的冒險精神，即使在買地、蓋房子的過程，都夾雜著冒險的刺激在其中，外人眼中的雜草叢生，在他眼裡卻是可遇不可求的樂土。

看遍新竹大小地，跟著緣分走

　　幾乎看遍新竹縣內各個大小土地後，最後因為「兩隻老鷹」而決定買下山莊的鄒老師，一直相信他們家與這塊土地間是有「緣分」的。原來鄒太太跟著仲介來看地時，遇到了當地的住戶，住戶不但介紹更新的開發案給他們，也介紹了開發商，讓他們省下了仲介費用。鄒太太初看環境時就沒有被蜿蜒陡峭的山路給嚇倒，反而一見鍾情，後來再帶鄒老師來看地時，那時天空出現了兩隻老鷹盤旋，讓鄒老師當下就做了決定：「這麼遼闊的視野、美麗的山景，正是我們想要的。」

　　原來，鄒老師一家住在市區的公寓裡，即使把兩間公寓打通變成一大間，還是覺得空間不夠用，一心就想換個大房子。不過找了幾間透天厝後，發現房價漲得太兇，隨便問都要 2、3 千萬元，還只有幾十坪的地坪，及一小塊庭院而已，最後決定自地自建。

　　其實在買下山莊的地之前，他們早在新埔買了地，但一直沒有把蓋房子這件事付諸行動，而相中這塊地後，直接賣了新埔的地，同時一口氣訂下兩個單位共約 1,600 坪的土地。一來，可以讓自家範圍有較多的平坦地面以資利用；二來也不怕別人買在隔鄰，蓋了房子後妨礙景觀。

　　在比較多家設計公司後，鄒老師他們找上威聖設計公司，在買地到正式動工中間大約隔了一年時間，芒草長得都比人高，怕威聖公司要畫設計圖時看不到地貌，屋主自作主張找來怪手整地，結果被設計師罵了個臭頭，由於怕怪手已破壞了原有地形，會有安全上的疑慮，設計師一度想放棄接案，後來仔細會勘確定沒動到原生地形才點頭。

1. 太陽能的庭園小立燈與一路指引客人步上小徑，這是相當注重環境的自地自建社區，連照明都儘量節能減碳。

2. 依山勢蓋起的 3 層半房子採木造結構，自然融入在藍天白雲與綠意盎然中。近 1,600 坪的土地上，約蓋了不到百坪的木屋，其他的空地都是可以露營、觀星的最佳去處。

3. 一進柵門視野馬上豁然開朗，二十幾個階梯像是迷你版的好漢坡，考驗客人的心肺功能。

空間刻意留白，手作家的記憶

　　多數人是希望房間越多越好，但鄒老師一家則是希望隔間越少越好，留越多的空白，感覺越自由自在。於是近百坪的房子只隔了 5 間房，更留出近 9 公尺的挑高空間給客廳，開闊的場域讓人一進屋就整個驚訝不已。

　　1 樓客廳可以看到高聳入頂的壁爐煙囪，足足有 8 米多的高度，而側牆的彩色鑲嵌玻璃，晨起陽光將玻璃的影子照進客廳，美不勝收。東向的日照區更規劃出八角陽光屋，擺放了休閒風十足的藤製桌椅，除了夏天早晨短暫的日照較炎熱外，上午 10 時後就變成最舒服的角落。另一邊鄉村風的餐廚設計，完全符合女主人的需求，讓料理成為一種享受。2 樓刻意不做滿，只規畫了主臥室及小孩房，以及整排的書櫃。2 個兒子共用 1 間附有閣樓的大房間，讀書起居可以互相分享，也可以互不干擾；而浴室擁有雙面窗的超棒採光和視野，浴缸四周以北美檜木鋪陳，溫潤的質感為泡澡加分，成了最放鬆的事。地下室則是男主人的基地，天花板刻意裸露鋼板再油漆，既表現出陽剛的粗獷感，又不會造成壓迫感。這裡唯一的隔間是男主人的木工工作室，整排的書櫃是他的傑作，因為總共做了 18 個不同 size 的抽屜，鄒老師笑稱自己已經從完全不會的門外漢變成木工達人了。

　　從房子在興建時，鄒老師全家一到假日就往山莊裡跑，起初在草地上一邊搭帳棚看著工人們蓋房子，一邊享受露營的樂趣。等到完工後，週五下班就直奔山莊，父子種花除草、搬石塊疊步道，媽媽在廚房做各式料理，「時間一下子就過去了，真的感覺很快樂。」鄒太太很滿足地說。也許，所謂的山中無甲子，正是他們的生活寫照。

4 厚達 10 多公分的原木長桌還有原木板凳組成最佳泡茶區，品茗配山景，人生一大樂事。

5. 巨石整齊排列成堅固的擋土牆，總共有 3 個階層，這是設計師絕對要求完成的安全措施。

6 壁爐煙囱高度有 8 米多，顯得一柱擎天，由於這裡海拔高，溫度比平地低很多，一到冬天就燃起熊熊的火。

7 客廳範圍不大，但因為挑高顯得相當開闊，特別突出的八角陽光屋充滿美式休閒風格。

8. 顧慮家中養狗以及山中濕氣較重，地板採用的是木紋磚，既有木頭的溫暖感覺，又方便清潔。

9. 造價 3 萬多元的彩色鑲嵌玻璃，為偌大的客廳帶來光影遊戲，屋頂是 9×18.5 公分的實木樑加厚達 3.5 公分的松木企口樓板，直接鋪上瀝青防水氈布加上複層礫石瓦而成。

10. 雙面採光的浴室視野一級棒，浴缸旁以北美黃檜包覆，泡澡後起身坐著也不嫌冷，而且高度恰巧符合人體工學。

11. 地下室天花板其實是 1 樓的鋼筋地板，刻意裸露再刷上藍色油漆，非常醒目。整排書牆是男主人的傑作，高腳吧檯是可以小酌的角落。

12. 顧慮到保養方便，建築物外牆特別選用睿智板，既有一般木板的質感，卻只要 5 年粉刷即可常保如新。

Q1 選擇山坡地有哪些必須特別注意？

A 很多人喜歡在山坡上自地自建，但如果沒有做好環境評估，萬一遇上土石流是相當危險的，所以首要條件就是要做好擋土牆的設計，一道不夠再加一道，不能怕成本太高；即便整地也一定要根據地形做出適當的規畫，不是想要平地就隨便剷平。

Q2 刻意選在這麼高海拔地區有何用意？

A 一般人沒有想過小黑蚊肆虐的問題，等到住進去後，即使用了雙層紗網，也仍然難防小黑蚊的入侵。目前確定小黑蚊大概只活躍在海拔 200 多公尺以上的高度，但到 500 公尺以上就不怕遇到牠們了，所以選在這裡除了因為視野很好以外，閃避小黑蚊也是主因。

Q3 山坡地的房子水電如何處理？

A 這個社區好就好在管理委員會功能強大，而且對於環境保護不遺餘力。電力的部分由台電負責，水的部分就由管委會統一抽取地下水再賣給住戶，而且以價制量，讓大家不敢浪費。所以幾乎家家戶戶都有儲存雨水的設備，做為澆花、洗滌用。我們的房子全部都做了收集雨水的接水管，分別通到 3 個大水桶儲存，不浪費一點一滴寶貴的水資源。

Q4 山上冬天很冷，有做什麼禦寒設施嗎？

A 這裡的溫度平均比山下低了約攝氏 4 度左右，到了冬天則可能陡降到只有攝氏 4～5 度。所以除了準備燒柴用的鑄鐵壁爐外，窗戶也都做了雙層設計，因為有時冷氣會透過玻璃滲透到屋內，即使氣密窗也擋不住，只有雙層設計才比較能夠禦寒。

DESIGNER

吳威聖／威聖設計有限公司

03-593-3320 ／新竹縣芎林鄉富林路一段 361 號

http://w-sam.myweb.hinet.net

http://wsam.pixnet.net/blog

wood.sam@msa.hinet.net

CASE
STUDY
13

養老宅
新居宅
度假宅
民宿

座落地點／新竹縣寶山鄉

與環境達到良好互動，
賦予建築及度假生活浪漫想像

買一塊好地蓋房子，你會選擇一塊平整的平地？還是崎嶇的谷地？或許許多人會偏好前者，但看在屋主與建築師林淵源的眼中，本案這塊後高前低的頑劣谷地，卻是有趣極了。打破制式的住家形式，以「微建築」的角度出發，經過多次提案、討論、再推翻的過程，好不容易完成這間別具特色的山林度假屋。

文＿鍾侑玲　圖片提供＿林淵源建築師事務所　攝影＿陳鵬至

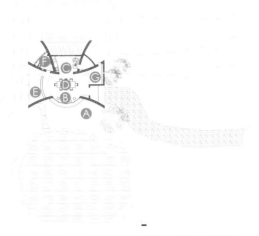

A 玄關／B 客廳／C 廚房／D 餐廳／E 睡榻／F 衛浴／G 閱讀區

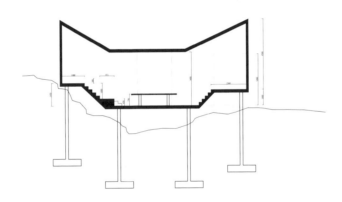

Data	
屋主	L 先生
基地狀況	山坡地
土地總面積	786.5 坪
房屋建地面積	30.25 坪
格局	玄關、餐廳、客廳、廚房、睡榻、閱讀區、衛浴
建材	南方松、黑鐵板、自平水泥、杉木板、矽酸鈣板
結構	木屋搭配鋼骨結構
建造耗時	4 個月
完工日	2010 年 7 月

Cost	
建築工程	NT. 175 萬元
給排水機電工程	NT. 10 萬元
景觀工程	NT. 20 萬元
裝潢工程	NT. 50 萬元
傢具傢飾	NT. 10 萬元
土地總額	NT. 0 元
總價	NT. 265 萬元

隱身於新竹縣寶山鄉水庫附近的 T House，又有諧音「teaHouse」的意思，是一棟架構在山凹處的度假屋。順應地勢發展出的建築型態，以染黑的南方松做為表面材質包覆整棟房子，讓它能完美融入周遭環境；建築中央凸出一只玻璃盒子，加上前方的一窪水塘，乍看令人仿如置身國外，但誰也想不到的是，這塊基地最初竟是一塊賣不出去的土地。

順應地形而生，由自然長出的建築

多年前，從事土地相關工作的屋主，因為受朋友所託，將位於新竹縣寶山鄉水庫附近的閒置土地進行重整，並計畫性地將它化為 18 塊特色各異的基地進行販售，但當所有土地幾乎售罄的同

1. 面對這塊前高後低的「野蠻地形」，林淵源選擇順應地勢做建築發展，並且以「橋樑」的概念出發，在凹間位置利用鋼構骨架將建築架構起來，同時銜接起兩側高地。

2. 從背面看，房屋順應地勢，自然形成「T字」屋簷，兩側屋角並順勢拉高。

3+4. 以玻璃打造的半圓形浴廁，讓人連沐浴時都能感受與自然合一。

時，他卻發現這塊三高一低內凹谷地，卻因為難以想像其所適合的建築樣貌，依然乏人問津。在決定買下這塊基地與其鄰近的另一塊地之後，他找來曾有過一次合作經驗的建築師林淵源，提出兩階段的建築計畫，而第一階段就是在這塊山凹處，搭建一棟度假小屋。

「所有的山林都應該保有它原始的模樣。」屋主說道，因此，面對這塊內凹的谷地，第一步不是想要剷平整地，而是保留自然的地貌蓋出合適的建築形式。「最差的（土地）條件，反而能蓋出最棒的房子。」屋主笑說，越是特別的地形才越能讓建築師傾盡全力，激發出最有創意的點子。

在仔細觀察這塊基地之後，建築師林淵源衍生出「搭一座橋」的概念，運用鋼骨結構自凹間撐起整棟建築，並跨越中央的小型溝渠重新銜接起兩邊高地。空間兩側，則順應地勢上升而揚起，反應到建築的內部，則成為兩側高起的小閣樓，分別作為閱讀區和晚寢的臥榻區，下方則給予簡單收納機能。

以餐廳為核心，主導空間的發展

不同於日常住宅規劃，T House 以度假為明確訴求，「一開始我和建築師討論時，就想以招待親朋好友的『Second House』為出發點。」因此，格局規劃也打破過往以客廳為主導的概念，運用一張大餐桌，將餐廳為核心向四周開展，面對山林的一側，運用大片的落地窗，讓餐廳成為遠眺整座山林小徑的最佳觀景台。整個餐廳就像是一只大帳棚，或是一座劇場，而美食、人與人的互動關係，則是生活重點。

而為了達到開闊的空間，對於私密性的要求相對較低，並且基地本身風景和採光條件都很好，運用大量玻璃材質，打造明亮且通透的視覺效果，甚至連浴室，建築師林淵源都索性採取同樣手法進行規劃；避免任何隔間規劃，運用高低差的手法創造各自區域與屬性。

除了實用的機能面向，這棟建築賦予了對房子更多浪漫的想像，建築師林淵源說道：「沒有不對的土地，而是我們要選對正確看待土地的方式。而建築即是土地的一部分，不用賦予特定風格，應該是讓它從直接從土地自然長出來。」

夜色漸深，我們從遠方回望，覺得建築師說的真對，深色木皮的小屋與山林融為一體，僅從露出的燈光窺見它的位置，卻一點都不感覺突兀。這一層淡淡光暈暈染整個空間，也隱含滿溢的幸福感，就像是咖啡上幾乎滿溢出來的奶泡一樣，為生活創造更多細膩而溫馨的小確幸。

5. 不再讓客廳來主導居家，而是將餐廳爲核心做開展，讓美食、互動成爲生活重點。

6. 位於居家中央的餐廳，能一覽戶外景致。

7. 將客廳退至居家的角落，利用傢具佈置出簡單機能；建築後方則考量安全問題，與山壁間保持一小段距離，額外形成一個後庭院。

8. 建築的入口規劃一個內凹的小亭子，營造回家的安定感，四周再打上微量的間接燈光，賦予居家玄關更多浪漫想像。

9

10

11

9. 採用大量玻璃打造穿透視野，是規劃之初就已有共識的手法，而開窗位置則取決於使用需求和景致，譬如建築右側的大面窗戶，能讓居住者自屋內看見坡地上的花草景致。

10. 建築的後方是日治時期留下的 4 個相互連通的防空洞，被重新清理過後，雖尚未決定用途，但即便空著也是個不錯的選擇。

11 特別請獲得台北花博銀牌獎的日本園藝師父安藤龍二先生規劃的小徑，一路蜿蜒來到位於谷地上方的「T House」，也引領訪客由遠而近從不同角度觀看建築多元樣貌。

Q1 當初如何發想出這麼具有獨特性的建築外觀？

A 林淵源認為，每一塊土地都有它們獨特的個性，而建築應該順應地勢進行發展，他提到：「我們應該是去傾聽土地的聲音，用謙卑的方式去設計（建築），那麼土地自會送你禮物，而不是設計師自己一個人在『強說愁』。」在確立建築內部需求之後，以此為核心，由內而外順應地勢自然發展出的建築型態，特別選擇染黑的杉木

板作為建築表面材質，讓它能適度被隱藏起來，降低對環境原始樣貌的破壞，自內則藉由大開窗，引入源於自然的山林美景，也讓室內與自然產生互動關係。

Q2 從外觀上看來，有許多不同的窗戶設計，當初是如何設計的？

A 開窗除了引入採光之外，導引視覺發現環境焦點，自然而然成為居家的一部分。以本案為例，在建築的內側規劃整面大窗，讓人能一眼就望見坡地上高彩度的花藝植栽，但近門處的閱讀區，卻僅在牆面低處留下一道小窗，讓午後小憩時，能躺臥輕鬆欣賞周遭景色。

Q3 建造完成後，實際住進去的感想如何？

A 雖然整體建築花費 2 年半的時間進行討論與設計，但實際施工的時間，卻僅僅短短 4 個月。除了建築體本身結構簡單外，屋主認為，更重要的是不要「越俎代庖」，而是信任建築師自身專業，不干涉實地施工情況，但令他印象最深刻的卻是當自己第一次看見家中衛浴設計時，他笑說自己當下第一個反應，

就是跑到附近的山頭四處看看，確認它具有足夠的隱密性時，才真的放心。

DESIGNER

林淵源／林淵源建築師事務所
02-2933-7167 ／台北市文山區仙岩路 22 巷 17 號 15 樓
linyuan.yuan@msa.hinet.net

CASE STUDY

14

養老宅
新居宅
度假宅
民宿

座落地點／苗栗縣

以山爲主角，
放牧心靈的山上小屋

在神桌山與仙山的稜線下，百年老樟樹靜靜守候，簇擁著滿山的櫻花林。夏至時節初探 Jessie 的
秘密基地「楉曦」，綠毯上一棟小巧白屋自在座落，這是都市尋山人實踐五二生活的夢奇地。

文＿李佳芳　攝影＿邱如仁　圖片提供＿吳語設計

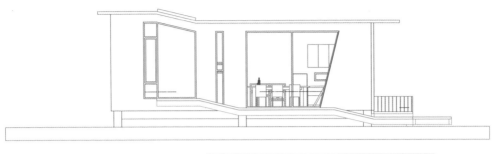

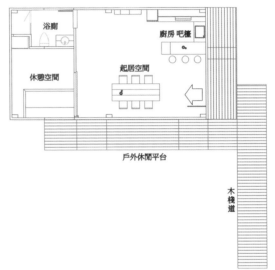

浴廁

休憩空間

廚房 吧檯

起居空間

戶外休閒平台

木棧道

圖片提供__吳語設計

Data

屋主	Jessie
基地狀況	山坡地
土地總面積	約 1,800 坪
房屋建地面積	約 25 坪
樓層總坪數	約 25 坪
格局	起居空間、休憩空間、廚房、衛浴
建材	建築內外牆／鋼網牆水泥灌漿、易膠泥＋水泥砂漿粉刷、PU 底漆、石膏噴點、白色防水面漆
結構	SC 鋼骨＋混凝土
建造耗時	3 個月
完工日	2013 年 7 月

Cost

工程造價總額	NT. 207 萬元
室內工程總額	NT. 97 萬元
設計費用	NT. 97 萬元
監造費用	NT. 20.7 萬元
總價	NT. 344.7 萬元

從事教育工作的 Jessie，老家住在彰化市區，愛山的她時常夢想能在山中擁有一棟小屋，做為逃離壓力的工作避難所。為了尋找適合的土地，她花了數年時間走踏中部山間，終於在苗栗尋覓到夢寐以求的土地。「就是它了！」Jessie 說，初訪這塊土地時，不假多想便決定買下了。「我將這裡取名為楛曦，楛字代表這裡有木、有草、有石、還有對自己想望的承諾；而曦則是當晨曦喚醒了大地，也讓我身心再一次洗滌，能夠充滿力量的前行。」

SC 架高構法，減輕大地負擔

買下土地之後，Jessie 以保留原始林相為原則，先自行初步整地。後來，透過朋友介紹，Jessie 認識了也同樣熱愛山林的設計師吳一志，才進一步實現蓋屋的夢想。吳一志說，初次與Jessie 相約看地的時候，眼看產業道路越開越窄，本來心裡暗自打算要回絕委託；不料，抵達目的地的時候卻被這裡的美景吸引，連自己都愛上了這塊土地。

1. Jessie 原打算將小屋蓋在樟樹旁，討論後決定蓋在較高的平台，景觀視野較好。

2. 小屋入口設於側面，可從斜斜的木棧步道通往。

3. 從客廳到臥房的連續落地窗，收納最大角度山景。

一開始，Jessie 提出蓋木屋的構想，但考慮到山上施工成本高，以及房子本身維護不便，吳一志建議使用施工快速、耐震係數高的 SC 鋼骨結構。在基礎工程上，吳一志將基地開挖 1 米灌漿建構第一道地樑，將獨立基樁連結起來，而回填之後再加上第二道樑，使房子輕輕座落於架高的基樁上。「水土保持是山坡地建築的重要課題，房子離地架高的好處是不破壞地表，保有排水良好的透水鋪面。」

以山爲主角，打造野放心靈的牧場

基地所在位置因被山脈包圍，加上景觀面朝東北，氣候穩定，涼爽宜人，較沒有西曬與季風問題，氣候影響不大。基地面東北向，眺望對向山頭，可直接欣賞日出，因此吳一志設計時便希望能將景觀特色融入房子。草地上，白色小屋被櫻花林簇擁著，並以蜿蜒木棧板輕觸大地。大面落地窗收藏山壑風景，而角落的橫開窗則借景後山，創造出移步移景的效果。內部空間則落實簡約自在的思維，裸露的鋼樑與鋼板石膏噴點處理，配合水泥粉光地板，以素材不假修飾質感呼應大自然。

以一人小屋爲概念設計，室內規劃一房、一廁、一餐廚，利用大面格柵拉門，可靈活將空間收放爲一大室。空間所用傢具也非制式，吳一志設計的實木傢具可有多變用途，例如方格椅兼具茶几、餐椅功能，堆疊起來又可當成書架，且輕巧體型方便搬到戶外使用。

在 1800 坪的土地上，Jessie 只利用了 20 多坪來蓋房子，土地上原本就種有樟樹與櫻花樹，因此，整地時也盡可能保留原本樹種。她認爲，房子不需要大，足夠使用卽可，最主要還是希望能保留山的自然。過去，這塊土地是客家人栓牛放養的牧場，如今卻成了野放心靈的丘壑。在這個案子裡，山反而才是主角。

4. 客餐廳合併於一大室，減少隔間束縛，使用起來更自在，也適合招待親友聚會聯誼。

5. 屋外的休憩平台（走廊）刻意不使用制式的欄杆，減少束縛感，僅用杉木樹幹做成妝點來暗喻安全界線。

6. 浴室內設計天窗，白日不需開燈也能有明亮採光。

197

7. 室內規劃以一人使用爲主，臥房用木格柵門區隔，可靈活整合爲一大室。

8. 奢侈的開窗，將得了無價的美景，待在室內也能遠眺戶外，視野不斷延伸，心情也變得更加開闊。

Q1 山坡地蓋屋常見的困難點？

A 山上蓋屋最難克服的問題在於交通與氣候。由於產業道路狹窄，水泥車、壓送車、吊車會車不易，運輸成本會較平地蓋屋來得高；若基地偏遠，工班的食宿費用也是一筆額外的開銷。此外，山上氣候多變，陡然一陣雲雨或大霧都會造成施工延宕，尤其採用 RC 工法工序更多，更容易受到氣候影響，工期大約得近一倍，蓋屋成本相對提高，因此選擇結構工法得格外小心。

Q2 山上蓋屋前（或看地時）如何評估是否適宜蓋屋？

A 首先需確定土地之地籍謄本上的「使用地類別」是否容許建築使用。至於坡度超過 30％（坡度 100％＝角度 45 度）則不得開發建築使用。另外，山坡地蓋屋首重水土保持，重點在於避免大規模開挖整地、挖填土石方，減少對水文、環境之不利影響為原則，掌握「水（安全排水、涵養水源）、土（防止土壤沖蝕、流失）保持」四字箴言即可。

Q3 將一樓樓板抬高，讓房子脫離地面有什麼用意？

A 房子脫離地面讓植被可以在土地上完全覆蓋，可營塑建築物一種輕盈漂浮的自在感，也能夠兼顧大雨侵襲時的基地排水性，增強水土保持的功能。同時阻絕地面的濕氣入侵，增加室內的舒適度。當然，因為山上的蟲、蛇、山羌、野豬偶有所見，也能提供多一道的安全防護。

Q4 使用水泥粉光如何避免髒污？

A 水泥粉光具有自然原始質感，但水泥表面相對於石材或磁磚毛細孔較多，也較容易藏污納垢，尤其開關四周牆面經常容易發黑。為了方便維護，壁面水泥粉光建議塗上無膜漆，其具有防水效果，可防止污垢滲入毛細孔，而地面則建議使用異品牌水泥粉光，營造出如同天然石材的斑駁效果，可掩飾細小龜裂。

DESIGNER

吳一志／吳語建築‧空間設計
台中市霧峰區復興路二段 264 號
fb/ 吳語設計／ handw-sign@hotmail.com

座落地點／苗栗縣西湖鄉

呼吸自由空氣，
實現自在田園夢的都鐸式住宅

印度詩人泰戈爾的園丁集中，有一首描述籠中鳥與林間自由飛翔的鳥兒，彼此間互相召喚、對話的內容，深深吸引著學美術，從事廣告行銷企劃的李先生夫婦。兩人經歷多年農地代銷工作後，也開始構築自己的田園夢，並找到一塊可以實現夢想的烏托邦。

文＿劉芳婷　攝影＿ Yvonne　圖片提供＿ G.house 空間設計事務所

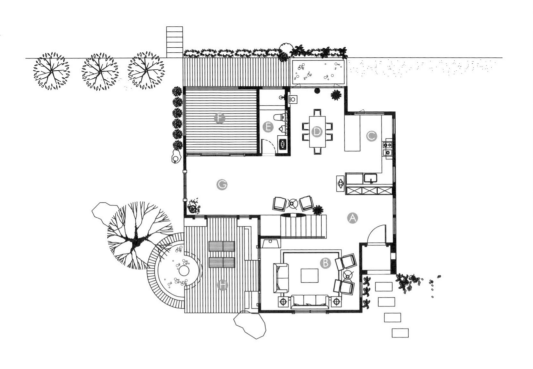

1F
A 玄關／B 客廳／C 廚房／D 餐廳／E 衛浴／F 和室／G 緩衝空間兼過道／H 戶外露台

圖片提供＿G.house 空間設計事務所

Data	
屋主	李氏夫妻、孩子 ×3，共 5 人
基地狀況	山坡地
土地總面積	405 坪
房屋建地面積	房屋建地 40 坪、景觀花園 200 坪
樓層總坪數	68 坪
格局	1F ／客廳、廚房、餐廳、衛浴、和室、儲藏室、戶外露台 2F ／主臥、小孩房 ×2
建材	房屋／SRC 結構、白水泥、石材 景觀／抿石、南方松、石板、地毯草鋪面
結構	S+RC 結構
建造耗時	9 個月
完工日	2012 年 1 月

Cost	
建築工程	NT. 800 萬元
景觀工程	NT. 10 萬元
傢具家飾	NT. 50 萬元
裝潢工程	NT. 120 萬元
整地	NT. 20 萬元
水土保持計劃	NT. 6 萬元
申請規費	NT. 9 萬元
土地總額	NT. 600 萬元
總價	NT. 1,615 萬元

從事房地產行銷工作近 30 年的李先生，心中隱約有著採菊東籬下，歸隱田園的夢想。因工作關係接觸農地代銷企劃，讓這個夢逐漸成形。但孩子仍就學，有現實生活考量，直到孩子較大，李太太加入山坡地代銷工作，經濟較充裕，才開始有買地蓋屋的實際行動。

會挑主人的夢幻之地

買地蓋屋對住在台中市區的李先生夫妻倆來說，原本並未在彼此的生涯規劃之中，但世上所有事，在冥冥之中，似乎都有脈絡可循。學美術的李先生從事房地產廣告行銷工作 30 年，因緣際會下，開始接觸農地買賣的廣告企劃，後來連太太也投入農地代銷，於是埋下買地蓋屋的契機。

從事農地代銷工作後，李先生曾相中一塊位於山中的農地，但當時小孩年紀小，仍有就學需求，即使要當度假屋，交通往返過於耗時也不方便，且李太太對山居生活的便利性有疑慮，再加上李先生是家中唯一經濟來源，負責家計的太太擔心經濟負擔過重，因此打消了念頭。

等到小孩年紀漸長，李太太也投入農地代銷工作，經濟較寬裕，且因工作關係，對農地有了更深入的了解，加上進駐西湖代銷的農地，位於大馬路旁，距台中住家也不遠，每天通勤上下班的李太太，與這塊地朝夕相處，突然興起買地蓋屋的念頭。此時李先生卻對臨近大馬路的地有意見，對太太說：「陶淵明不會住在大馬路邊！」但李太太覺得，這樣的土地條件，即使將來退休，還可經營民宿或開設手作教室，退休後的經濟不虞匱乏。愛妻心切的李先生，終於被太太務實的想法說服，決定買地。

因為工作關係，夫妻倆看過至少一百塊地，李太太甚至只要看到買地的人在那塊地上停留的時間長短，就知道對方會不會買。回想自己買地的過程，李太太堅信：「土地也會挑主人！」因此，才能克服種種問題，完成自地自建的夢想。

1. 彷彿英國鄉村風景般，有煙囪、斜屋頂、天然石片裝飾的住宅，終於在李先生夫妻倆努力下實現了。透過不破壞自然，順應地型蓋屋的規劃，讓這間房子充分融入地景中。

2. 從玄關開始，整個房子散發出濃濃的人文、藝術氣息。

3. 為了預留空間使用彈性，客廳保留挑高，不做多餘裝飾與隔間，僅擺放現成傢俱。

打造夢想中的都鐸風綠建築

買地之後，關於房子的建築外觀與室內設計，全都由李先生主導，對都鐸風建築情有獨鍾的他，偶然的機會看到泰國一本書中的建築設計，於是找到 G.house 設計團隊的林日祥繪製建築外觀的草圖，空間設計則由曾設計知名庭園餐廳的姜妍書負責整合規劃，李先生的好友詹文童則負責庭園景觀及 3D 圖規劃。

討論設計過程中，李先生特別到逢甲大學上線建築的課，希望住家設計，可以將綠建築概念納入。經過一番討論，設計圖終於底定，外觀以都鐸式建築設計為主軸，且李先生與設計師還融入法式鄉村風與其他風格元素，讓這間房子風格獨具，充滿創意。

為呼應綠建築概念，李先生希望家中不裝冷氣，他說：「我特別要求每個房間都保留挑高，且在高處增設通風孔，達到散熱效果」。雖然設計師預留空調管路，但可備而不用。同時，呼應李先生對綠建築的要求，設計師在車道區還規劃雨水回收、系統，善用自然資源。

李太太希望室內格局配置保留將來開店或當民宿的使用彈性，因此，客廳區不做多餘裝修，直接放現成傢具。一樓規劃一間和室，李太太說：「因為長輩年紀大，將來若要接來同住，房間設在一樓比較方便。」開放式餐廚區增設吧檯，搭配鄉村風的廚具，讓女主人在料理時可與家人互動，也呼應她對風格的喜好。二樓除主臥外，規劃兩間小孩房，每個房間都有獨立衛浴，採套房式設計。李先生說：「這樣的設計，就算以後想當民宿也沒問題。」

房子蓋好後，每到假日，夫妻倆就會帶著兩個孩子到這裡度假，不僅李先生重拾畫筆，李太太和女兒也常利用自己的手作、彩繪作品，妝點居家，讓房子充滿藝術氣息。

4

4. 家中所有佈置，全是李先生夫妻倆四處收集、甚至自己動手 DIY 製作。學美術的李先生，還用相思木、楓香，做出藝術感十足的鹿木偶。

5. 設計師規畫的開放式餐廚空間，讓李太太在廚房也能與家人互動；鄉村風的廚具設計，也符合她個人對風格的喜好。

6. 爲達到節能減碳的綠建築設計，家中不裝冷氣，每個房間都在高處開設通風散熱的氣窗。

7. 這片黑板牆，是依李太太要求設計，家人常透過這面塗鴉牆，寫下溫馨鼓勵的話語，爲生活留下歷史軌跡。

8. 久未畫畫的李先生，因為蓋了這間房子，重新燃起對藝術的熱情，不僅常拿相機記錄自己家，也開始重拾畫筆。

9. 位於客廳一角的壁爐，是英式都鐸風住宅不可或缺的元素，但使用時須燃燒木炭，若直接燒木材取暖，會讓室內煙霧瀰漫。

10. 戶外用南方松地坪規劃的露台，展現如歐洲露天咖啡屋的悠閒風貌。

11. 每逢假日，李先生就埋首自家菜園，太太則悠閒地逗弄蓋屋期間不請自來，被夫妻倆收養的狗狗納瑟斯。

Q1 家中運用哪些綠建築的設計？

A 李先生希望家中充分納入綠建築設計概念，因此決定不裝空調，而在每個房間高處設計具散熱效果的通風孔。家中客廳規畫了一個可燃燒木炭用的壁爐，冬天天氣寒冷時，可直接生火取暖。此外，設計師在戶外車道上規畫雨水回收、過濾系統，充分利用自然資源，達到節能效果。

Q2 在建築外觀上，運用哪些風格與設計元素？

A 李先生非常喜歡英國伊莉莎白女王時代的都鐸式（Tudor style）建築設計，還曾到清境參訪以這種形式設計著稱的民宿。偶然的機會看到泰國的一本設計書上有間都鐸式建築，於是以此為原型，和建築師、設計師討論。自美歸國的建築師林日祥首先完成都鐸風的建築草圖，再透過設計庭園餐廳著稱的設計師姜妍書與李先生反覆討論後，完成了以都鐸式石牆、斜屋頂等建築元素設計的正立面，搭配從法式鄉村風及其他風格中萃取的拱門、對稱式長窄窗等設計語彙，衍生出原創的外觀設計。

Q3 決定買地蓋屋時，有哪些關鍵考量？

A 從事房地產企劃行銷工作數十年，夫妻倆其實看過無數農地，除了須考慮生活機能、交通、可負擔的經濟成本之外，還得考慮個人未來使用的需求與目的。因為先生喜歡園藝，希望擁有自己的菜園，只有買農地才能規畫大片菜圃，而小孩仍就學，現階段當度假屋用，交通往返的時間必須考慮進去，即使將來退休，也並非不工作，因此在這裡開手作教室或開民宿，開創事業第二春，是未來的使用規劃之一，不僅交通便捷的地點很重要，空間設計也必須有彈性。

Q4 購買的農地坪數不足以蓋屋，怎麼辦？

A 買農地自地自建，須符合民國 89 年 1 月 28 日公告實施的農業發展條例規定。目前雖已放寬購地者的身分限制，但仍需在當地設籍兩年，且取得無農舍證明，農地做農業使用證明，基地面積達 2,500 平方公尺以上（約 756 坪）才能申請建照蓋屋。李先生買的農地面積不足，因此必須以農發條例頒佈前的原地主名義申請建照，在土地買賣合約中設定抵押權，指定不能轉賣給第三者，等房屋蓋好後才過戶。這樣的做法有一定風險，除非確信對方值得信賴，否則不能輕易嘗試。

DESIGNER

姜妍書／ G.house 空間設計事務所
02-2933-7167 ／台中市北屯區太順東街 95 號
www.facebook.com/G.house.design
ghouse.shu@gmail.com

4.
民宿——
從零開始蓋民宿，打造人氣客棧

你有民宿夢嗎？蓋一間民宿，無論自己是否有住在裡面、兼作自住宅，都要先記住一件事：開民宿就是「創業」！如果想找塊地興建民宿，除了一般自地自建要考慮的之外，也要先思考你希望自己的民宿呈現怎麼樣的樣貌？品牌、定位、目標客群⋯⋯等，這些都會回過頭來影響建築的外觀、空間的規劃，甚至是選地。

文、整理｜田瑜萍、賴姿穎、黃敬翔

重點筆記 Key Notes	1. 交通便利，客人才能輕鬆到達。
	2. 民宿兼自住宅，靠動線規劃劃分公私領域界線。
	3. 民宿經營需要商業頭腦，品牌、行銷、客房設計等都需要精心設計。

3.1 選地

打算自地自建蓋民宿，買地是最關鍵的第一步。即使是自住宅兼民宿經營，好的選址才會讓人願意前來留宿，因此，除了考量價格、地點、周邊環境外，建造民宿也須格外留意景色。

Point 1 交通方便性是選址的首要考量

大多數旅宿的目標族群都是以觀光旅客為主，因此，選址必須了解周遭的交通便利性，因為交通不便的地方，遊客難以前往，同時也可能意味著周邊生活機能不足，對於需要採買、補充日用品的民宿來說，也會增加經營的成本。另外，有些人選地時，可能從來沒有實際從交流道開車走過，卻沒發現看似不遠的路途，可能要翻山越嶺、甚至迷路在左彎右拐的小路中，導致遊客費盡千辛萬苦才能抵達民宿，早已沒了遊玩的興致。因此建議想要買蓋屋的人，最好將交通條件列為考慮重點，與交流道的距離也要納入考量。

然而，並非一定要好去才能吸引人流。專業旅宿管理顧問黃偉祥在《Hold 住你的微型旅宿》一書中，介紹到台南一間「微風山谷民宿」，最大的特色在於建造得很像《神隱少女》裡湯婆婆的家，雖然它的地點在台南偏鄉，但許多人依舊慕名前往。由此可知，如果民宿極具特色，即使位於遙遠位置，都有人會找到你。但這要回歸到你如何從可能經營民宿的環境中，發掘出故事或特色文化，會更加考驗民宿主人的品牌塑造與經營能力。

攝影＿徐佳銘

經營民宿不能光靠有情，若想永續經營，商業頭腦也很重要。

Point 2 民宿用地要符合土地使用管制的地區與類別

宜蘭有些漂亮的民宿其實是以農舍名義起建，完全不符合土地使用管制，因為農地只能做農牧用途如耕作、放牧、養殖等使用，雖可興建 10% 面積的農舍但只能自用，若還設有停車場、游泳池或圍牆更是違法。過來人建議，若有心想經營民宿，買地前需先研究民宿管理辦法，其中明列限制民宿所在地區與用地，雖然農地風景美選擇標的多，若有心經營還是要確保合法性。

民宿用地需設立在非都市計畫區內，或都市計畫區內的特定地區，只有位於原住民族地區、經農業主管機關核發許可登記證之休閒農場、經農業主管機關劃定之休閒農業區內的農舍，才能合法申請經營民宿。而非都市計畫區的建地又分為甲乙丙丁建地，不同使用地有不同的容許使用項目，建蔽率與容積率也不相同。找地需要耐心，最好能到現地感受空間感與四周環境再下決定。

Point 3 購地前尋求建築師或代書諮詢，依法規蓋房

一般找地都會委託仲介幫忙，不過仲介在不動產領域對自住宅標的較熟悉，對民宿法規熟稔度相對不足，若有信任的代書可在購買前向對方請益，或是已經有確定合作熟悉蓋民宿的建築師，也可請對方就其建築的專業領域，對建蔽率或容積率方面等給予建議。

請建築師從建築角度來評估這塊地適不適合，因為起建需符合民宿管理辦法的房間數與樓板面積規定，也需符合建築法規，此舉可以協助判斷想購買的地價與大小是否符合收益目標，而且事前依照法規規劃，才不必在完工後還要另花一筆預算去修改建物以符合法規。

Q&A 找地疑難

Q01 什麼地方可以設置民宿？

根據《民宿管理辦法》規定，民宿之設置以下列地區為限，並須符合各該相關土地使用管制法令之規定：

1. 非都市土地。

2. 都市計畫範圍內，且位於下列地區者：

（一）風景特定區。　　（六）經農業主管機關核發許可登記證之休閒農場或經農業主管機關劃定
（二）觀光地區。　　　　　　之休閒農業區。
（三）原住民族地區。（七）依文化資產保存法指定或登錄之古蹟、歷史建築、紀念建築、聚落
（四）偏遠地區。　　　　　　建築群、史蹟及文化景觀，已擬具相關管理維護或保存計畫之區域。
（五）離島地區。　　（八）具人文或歷史風貌之相關區域。

3. 國家公園區。

Q02 想買農地蓋民宿，要注意目前哪些法令？

民宿，在建築的「用途類別」裡被列為 H 類（住宿類），與一般住宅無異。故只需於使用執照取得後，再向該管縣市政府觀光管理機關申請登記即可。通常，山坡地保育區的農地或林地（農牧用地或林業用地），要申建農舍的注意事項如下。

1. 土地面積至少 0.25 公頃（約 756.25 坪），且要有單獨的地號。

2. 若為山坡地形有諸多限制：若是山坡地的使用分區上登載為水利用地、生態保護用地、國土、保安用地，不得申請興建農舍。此外，法令也明定，山坡地的坡度超過 30% 就不得開發建築使用。因此，坡度太陡、順向坡、特定水土保持區……，許多因素都會影響這塊地能否申建照。

3. 設籍及土地取得均要滿兩年以上。

4. 起造人需為農地所有權人，名下不得有其他的自用農舍。

5. 面積和高度的限制：總樓地板面積不得超過 495 平方公尺（約 149.7 坪），建築面積不得超過其農地 10%，單層面積不得超過 330 平方公尺（約 100 坪），建築物高度不得超過 10.5 公尺（約可蓋 3 層樓）。

6. 移轉限制需居住滿五年後，農舍才能轉賣。未來蓋農舍的相關法規可能會加強對申請人的條件限制，建議讀者進一步查詢最新法規。至於想經營民宿者，建議隨時注意各縣市政府觀光主管機關的最新規範。

4.2 空間規劃

民宿的空間規劃與純自住宅並不相同，它不只要具備功能性，同時要營造出令人輕鬆舒適的氛圍，還要能提升經營效益維持營運。因此在整體設計規劃上不單是考慮流行美學，必須考量各個層面，才能創造出一個好的民宿空間。

Point 1 不是每個人的家，都能當作民宿經營

民宿的概念類似於國外的 B&B（Bed and Breakfast），通常是主人讓出家中的幾個房間讓需要的人住宿，並供應簡單的早餐，對於背包客、司機、徒步旅行者等是非常經濟實惠的選擇。

近代文明的進步，人們對事情越來越講究，民宿隨著時代潮流走向專業的管理化，追求讓每一位客人享受舒適的空間環境，甚至每個房型還營造為不同風格特色。法規上，房間數有所限制，房務清潔是最基本要求，供餐時須計算多少人會一起用餐，場域必須能夠負荷。精緻化旅遊中的種種條件下，家的建築空間真的有足夠的特色吸引人入住嗎？單純的居家空間真的適合作為民宿嗎？基本上居家空間與旅宿應該被區分開來，建立一套專業的服務流程，才能做到賓主盡歡。

Point 2 民宿壽命不若自住久，選擇相對有彈性

起建自住宅通常希望跟人一起變老，使用年限至少是 40、50 年，建材選擇上當然也會希望用好一點耐久的材料，但民宿可能會因為定位與客群，也許只有 10 年或 20 年的經營壽命，材料選擇上相對彈性。以往民宿管理辦法規定最多只能有 5 個房間拿來營業，現在放寬到 8 間（但位於原住民族地區、經農業主管機關核發許可登記證之休閒農場、經農業主管機關劃定之休閒農業區、觀光地區、偏遠地區及離島地區之民宿，客房數得以 15 間），這些因為時空更迭可能會產生的異動，可在規劃前一併考慮進去。

Point 3 建材選擇要扣緊品牌定位

民宿室內的裝潢、軟裝以及整體空間規劃，要扣緊民宿的品牌與定位來決定。以馬桶來說，選擇上從 1 萬元的國產馬桶到 10 萬的進口馬桶都有可能，端看民宿主人想給旅客什麼樣的居住體驗，而這些選擇關係到預算編列，不僅建築量體大小關係到支出高低，裝潢與軟裝的支出也可能無形間膨脹，最好多準備原本預算的 30% 來當作超支預備金。

Point 4 找有經驗的建築師打造民宿

可營業的房間數、樓板面積、隔間材料、走廊寬度、樓梯設置與消防相關規定，都明列於《民宿管理辦法》，只要遵照法規按部就班，一般不會有太大問題。但還是建議盡量找有設計旅宿經驗的建築師（設計師）打造民宿，因為即使是做過很多商業或住宅案的設計師，對於旅宿的動線或規劃依舊需要花時間摸索，畢竟旅客只是短暫停留而非永久居住，要以旅客的角度來思考空間設計。舉例來說，房間入口經常出現設計太高的門檻，導致旅客搬運行李不便，同時會發出聲響吵到隔壁房客，其實許多介面與介面的接合、小細節的設計反而是民宿業者經常忽略的地方。

攝影＿ Amily

有民宿打造經驗的建築師，能幫助屋主處理很多容易忽略的小細節。

Point 5 客房規劃不佳，易產生危機

蓋民宿前，一定要先思考過自己想要蓋幾間房，是兩人房、四人房、還是八人房大通鋪？雖然一間民宿可經營的客房數量受限，但還是要有清楚的定位，不能什麼客人都接待，因爲不同客人的年齡、屬性和型態並不會相同，比如八人房可能是三五好友出來遊玩，會比較吵，甚至聊天到深夜；住兩人房的可能比較安靜、四人房則是親子遊居多，可能會早睡早起，當這些客人同時住在同一棟房子裡時，便有可能互相干擾到彼此，嚴重影響到客人的居住體驗。因此規劃房型時，要先做好市場定位，才能進一步做好規劃。

攝影＿ Amily

民宿的主要收入命脈來自於客房入住率，設計上更不能馬虎。

Point 6 蓋泳池增加賣點？有沒有必要需謹慎思考

民宿可否設立泳池與電梯，端賴使用的基地地目是否爲建地，凡是非經民宿管理辦法規定可申請經營民宿的農地皆是違法。而民宿需不需要有泳池或電梯，取決於民宿主人對自己民宿的想像與需求，建築法規並沒有相關的規範。

不過，擁有一座露天泳池看似愜意，但背後是水資源、耗材、維護管理在做支撐，某種程度上是環境的負荷，因此在建造游泳池前首要思考，是否眞的需要這項機能，多加評估後再做決定。游泳池有分兩種，建在地上和樓層中。若建在地上相對來說比較簡單，底部要做好防裂和防水，萬一出差錯只是水往土裡滲，是某種程度的污染；蓋在樓層上就必須注意很多細節，包含防水層要很周全，以及樓層承重要列入計算。在安全上需注意是否有小孩使用，評估適合的深度去施作。

另外還需要其他器材做濾水、排水、回收的機制，換水以部分水量抽換的方式進行，基本上除了初次放滿水，不太有大量水費產生，但必須花費心力管理水質，以及每年定期底部清潔，防止青苔生長。維養方面須注意，在不使用的時間要用帆布蓋起，防止塵土汙染以及蚊蟲屍體堵住管線。

Q&A 空間規劃疑難

Q01 民宿的公共空間應該如何規劃？

民宿的公共空間不應該像飯店裡隔一間健身房、一間會議室這樣的制式規劃，而是注重人味溫度、理性感性並存，好比說讓餐廳空間同時具備辦公室的功能和咖啡店的氛圍，在這個複合式社交空間裡，提供人與人之間能真實互動的機會，若你是好客的民宿主人，也可以在這樣的空間招待客人、與他們有更多交流。另外，由於現在也有愈來愈多人在旅行途中也會一邊工作，在設計公共空間時候，也可以著重在網路設備、插座等。

攝影──Amily

建議將共享空間發揮最大使用效益，例如將餐廚空間規劃成用餐及辦公空間。

Q02 套房的空間通常有限，如何讓空間有效利用？

大多數套房設計都會是小坪數，當中包含睡眠區與衛浴區。在規劃睡眠區時，可以將床的位置靠牆，其餘空間則置入書桌、衣櫃等。大部分衛浴空間都會是三件式設計，即是淋浴間（浴缸）、馬桶與洗手台，但這樣的設計也會造成當一位客人在使用廁所時，另一位客人無法同時刷牙、洗臉，建議可以將洗手台拉到外面與梳妝台等共用，讓房內客人能同步使用。

Q03 民宿的浴廁設計要注意什麼地方？

通常晚上九點到十二點，是旅客高度使用浴廁的時段，在設計上，應避免床頭緊靠隔壁房或房間內部排水管的管道間旁，否則會影響睡眠。而給水排水、馬桶沖水都會產生聲音，可在水龍頭加裝水錘吸收器、馬桶水箱裝置橡膠墊，以降低噪音。而迴水系統能讓旅客在使用熱水器的高峰時段，縮短等待熱水的時間，但因費用較高，對規模小的民宿業者來說，可能不敷成本。

攝影＿葉勇宏

過去，台灣曾吹起退休後找地蓋民宿的風潮，但很多人可能忽略了民宿經營其實除了選址、蓋建築外，還有許多策略上需要考量的地方。

座落地點／花蓮縣壽豐鄉

暫別城囂，
移住花東縱谷田園間

久居大城市從事高壓工作，有一天為生活汲汲營營的動力不再時，若要換個地方重拾對生活的熱情，決定移居山的另一邊已是挑戰，更不要說還打算蓋一棟非典型的混凝土合院建築經營民宿。曾有人說蓋不出來的建築，現已矗立在花東縱谷間，陪伴勇敢築夢的人開啟人生新頁。

文＿楊宜倩　圖片提供＿本來食藝空間民宿、i² 研究建築室

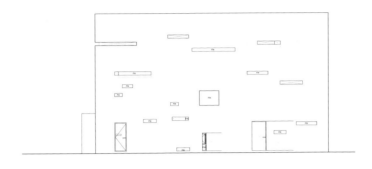

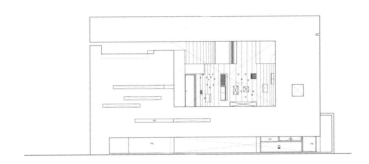

圖片提供＿ i² 研究建築室

Data	
屋主	洪先生夫妻
基地狀況	農地
土地總面積	940 坪
房屋建地面積	約 57 坪
樓層總坪數	約 148 坪
格局	1F ／玄關、廚房、休憩空間、餐廳、私人空間 2F ／客房 X3 3F ／客房 X1
建材	清水混凝土
結構	RC＋鋼骨構造及木構造
完工日	2021 年

Cost	
建築工程	NT. 2,250 萬元
水電工程	NT. 120 萬元
景觀工程	NT. 196 萬元
傢具家飾	NT. 237 萬元
廚具設備	NT. 222 萬元
衛浴設備	NT. 150 萬元
雜項費用	NT. 135 萬元
土地總額	NT. 850 萬元
總價	NT. 4,160 萬元

　　車行於靜謐純樸的豐裡村鄉間小路，一棟在當地前所未見的現代混凝土建築，便是歷時 5 年設計建造、既是家也是即將接待志同道合旅人的民宿。主人洪先生、洪太太多年前萌生買地蓋屋的念頭，因對混凝土清水模建築情有獨鍾，便開始留意起國內相關建築作品，同時也有計畫地進行找地大計。

現代合院揉和居住與事業經營

　　原本住在台中市，怎麼會選擇跨過中央山脈來到花蓮看地？洪太太提到當時和先生討論過許多地點，決定將目標放在更遠離城市步調的東部，後來有了移住同時開民宿的打算，評估地點時也將觀光條件納入，花蓮相對台東的易達性高，又比宜蘭的建置成本低，最後落腳於花東縱谷北段的壽豐鄉間。同時間他們也鎖定了累積眾多現代混凝土小建築的 i² 研究建築室建築設計師徐純一，洪太太分享第一次和徐純一碰面時的心情，既忐忑又激動，規劃已久的蓋屋大計終於有落地的實際感。

　　由於土地能同時看到中央山脈及海岸山脈，如何將地理位置的關係與人的感知體驗串連起來，是設計時的一大重點，原本建築位置是在土地偏中心的位置，但後來地方法規又改為必須鄰近道路，所以又改了設計。為了因應私宅居住及民宿經營兩個目的，以合院的概念將一棟建築的空間既分別獨立又彼此串聯為整體，大門入內後藉由門的位置及空間規劃引導房客的行進動線，有如內廣場的玄關向內庭院開展，直覺帶領人們往前到公共區域；通往主人起居空間則以一段無窗長廊暗示隱私性，並另規劃了主人居住區的出入口，方便管理民宿區域同時保有生活的獨立性。

1+2. 民宿座落於花東縱谷的田園間，以合院概念圍塑
 內景，多向度開口揀選遠山藍天入眼簾。

3+4. 設計上運用開口來控制客人所見，更能聚焦在花
 東縱谷田園間的美景。

以食藝爲核心，廚房是居心地

洪太太的父親是總鋪師，從小耳濡目染下對吃自有一番見解，他們夫婦倆少外食，喜歡品嚐食材的原味，最愛依循產季產地尋找優質農產品，也將民宿定位爲提供優質料理與空間體驗的食藝空間。原本廚房設計只有現在的三分之一，後來經過溝通擴增爲可放入專業烤箱設備及四個冷藏設備的夢幻廚房，並將廚房設計在大門旁，並開了兩個橫向窗口可看向外面及玄關，半開放式的設計即使在廚房也能掌握到一樓裡外的情況，透過一道檯面區分烹飪區、備餐區及吧台區，外側沿牆規劃了獨立輕食水吧區，紅色的廚具面板更加襯托出灰色水泥的深淺層次。

因建築必須緊鄰道路，若是開窗不免會受經過的人車干擾，加上附近是較爲單調的果園景觀，因此運用開口來控制「看見什麼」。公共空間共享一方內庭園的水池造景，透過外立面設計阻隔尷尬視線並兼具遮陽功能，開窗開口更是打破既定印象，在樓層間或平面行進時，牆面天花板不時出現的框景與光線，充滿探索空間的樂趣。長型方形的洞口與弧形圓形的天窗，都在脫模的當下決定未來的樣貌，使用全新模板拓印出的木紋肌理，與室內少量的實木傢具相互呼應，無處不在強調眞實本來的精神，從空間落實到飲食，歡迎旅人前來體驗本來就該如此的眞誠生活。

5

5. 1 樓公共空間圍繞著退縮的內庭，比鄰道路的開口錯開視線交會的高度，能感知人車來訪經過同時保有隱私。

6+7. 民宿以「食藝」為核心，廚房規劃在入口右側，並設計兩道水平窗面向道路與玄關，寬敞的檯面延伸至走的側成為吧檯，入口左側的實木櫃體則用於展示推廣台灣在地好食材。

8. 入口開在道路的另一側，搭配景觀設計營造曲徑通幽之感。

9+10. 2 樓中間的客房順應建築弧面與圓柱狀天窗發展格局，圓弧面電視牆同時是進入浴室的廊道與淋浴區，降板式
　　　浴池與大小開口形成一種被包圍的隱密感，傾斜向上的開口方式讓視線與光線隨之延伸。

11. 特製實木擋板在需要隱私與不需要光線時，進駐這些介在窗與洞之間的開口，為旅人隔絕干擾。

12+13. 3 樓只規劃了一間客房，對內庭的弧面慷慨開窗，天花板的長型小開口暗示建築所在方位，若不甘於在室內觀
　　　　賞精心佈局的光影框景，戶外的露天泡澡池讓旅人沉浸於縱谷景致中。

Q1 東台灣烈日炎炎，如何讓空間兼具採光和通風，並且即使夏天也很涼快？

A 建築學首要面臨的便是周邊環境如陽光、風向、景觀等特性所帶來的的影響，有鑑於處於西邊的房子容易被西曬，因此就避開朝西直接規劃臥室，策略性地將浴廁等空間放在建築的西曬面；北向在冬天時比較冷，而規劃樓梯等，有效降低氣溫對室內溫度尤其是休憩空間造成的影響。設計巧思上順應氣候、日照、風向的特性，讓室內大幅降溫，即使不開冷氣，也很涼爽。

Q2 雖然規劃民宿空間，但同時也能確保私領域的生活隱私，如何讓兩者兼顧？

A 私宅屬於私人的生活空間，講究居家私密性。我以合院的概念，在動線規劃上讓一棟建築的空間既能分別獨立，又能彼此串聯。私宅空間佈局在 1 樓，與公共空間比鄰，但是藉由大門位置與向內庭院開展的玄關引導訪客的動線，前往公共區域或上 2、3 樓的民宿房間，垂直分層的方式也明確區分公共與私人區域。另外也規劃了屋主居住區的出入口，確保生活獨立性。

Q3 內外空間都可見許多大小不一的開口，這麼做的用意是？怎麼決定位置？

A 運用開窗開口的目的在於降低周邊環境對住戶的干擾，由於建築兩面緊鄰道路、其他面向的土地也有果園、他人土地與住宅，運用大小不一的開口讓建築內的人能看見外頭的景觀，但建築外頭的人卻無法看見裡面的人，有效阻隔尷尬視線，更能透過預先設置好的框景，引導訪客看見不一樣的景致。設計開口位置時，特別留意避開隱私性較重的位置如床頭，而是放置在私人領域的「過渡區域」如走道等，讓訪客能真正地輕鬆自在。

DESIGNER

徐純一／i² 建築研究室
04-2652-8552 ／台中市龍井區藝術南街 30 號
studio@1-archi.com

CASE
STUDY
17

養老宅
新居宅
度假宅
民宿

座落地點／宜蘭縣壯圍鄉

地景式開放空間，
用望遠鏡觀察四季美景

一年四季四方不同景觀，是無待民宿選擇落腳的起建起因，也讓來訪旅客讚嘆不已。為了配上戶外壯麗景色，室內大器選用設計師傢具與飯店等級設備，希望旅客在這裡慢慢享受時光的流動，體感自然界變化規律。

撰文＿ 田瑜萍　圖片提供＿無待民宿、寬和建築師事務所　攝影＿王思博

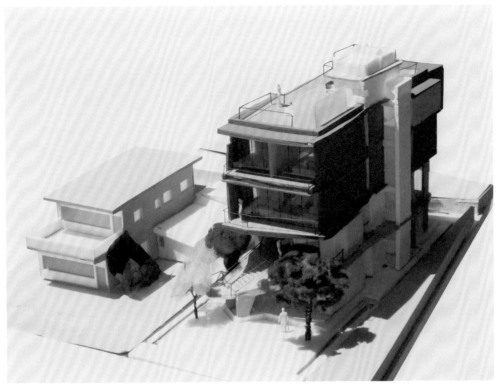

圖片提供＿寬和建築師事務所

Data	
屋主	陳先生與大學同學，共 4 位
基地狀況	特定農業區甲種建築用地
土地總面積	107 坪
房屋建地面積	52 坪
樓層總坪數	156 坪
格局	1F／櫃台、館員休息室、戶外工作區 2F／公共餐廳 3F／四人房 2 間、單人房 1 間 4F／雙人房 2 間
建材	建築外牆／洗石子、摻石粉光、矽石漆、清水塗美耐黃防水透明漆 建築內牆／摻石粉光、水泥摻色粉磨特白石、矽石漆、環保乳膠漆
結構	RC 鋼筋混凝土
建造耗時	2 年 6 個月
完工日	2018 年 6 月

Cost	
總價	NT. 2,800 萬元

　　天晴春日的龜山島靜靜訴說海上冒險故事，累了雲霧是舒適的被窩好好睡上一覺。太平洋的夏風捲著金黃色稻穗，沙沙跳著豐收的舞步，秋天時蘭陽溪出海口的候鳥們，從芒草裡的家出發吃頓早午餐，冬日裡雪山拉緊了白色毛帽的帽沿，繼續昂守家園。因著四周得天獨厚美景，「無待」化身觀察景物的望遠鏡，也成為蘭陽平原上的一抹風景。

　　負責民宿經營的陳先生非常喜歡宜蘭，與幾位大學同學興起開民宿的念頭，由於他們都是土地管理學系畢業，從事不動產相關行業，知道許多宜蘭民宿蓋在不合法的農地，污水排放系統、泳池與停車場，都是在傷害環境，耗損宜蘭美麗的自然資源。最終他們在壯圍鄉臨海的農田尾端，找到這塊甲種建築用地的畸零地，再透過與臨地交換，成為方正的建地。

四季美景，感動長留

　　這塊地前臨蘭陽溪堤防，後方的大片稻田從春節開始插秧到七月採收前，稻浪由綠轉為金黃，

1. 無待民宿的外型像一支升起往外探索的望遠鏡。

2. 大片金黃色稻浪是壯圍有別其他宜蘭地區的特有景色。

3. 透過大片窗景，旅人能觀賞到稻海正由綠轉黃、令人感動的美景。

4+5. 屋內選用設計師品牌傢具，讓旅客放鬆在書牆前閱讀。

比五結或三星的農田更爲壯觀，因爲壯圍是宜蘭大米倉。東邊看蘭陽溪出海口與太平洋，西邊則是雪山與中央山脈，不僅四方景色不同，四季也是不同風情。

陳先生說：「有時候在下一組客人來臨前，我會找一間沒賣出去的房間靜靜坐著，不僅爲景色感動，也爲整個空間氛圍感動，這種感動不因時間過去而有所減損。我們都知道碩大的公共建築很容易引起感動，但無待小小的建築卻也能有同樣感受，是我經營民宿最有成就感的地方。」

許多客人常請教陳先生如何蓋出這棟很有特色的民宿，他笑說：「一開始是同學認識介紹了劉崇聖建築師，我們很喜歡寬和建築的設計風格，人好溝通又誠懇和氣，就放心把設計交給他，完全沒有更動設計圖。建造房屋最困難是如何找到技術好又信任的營造廠，一間好的營造廠可以把遇到的工程問題解決掉 9 成，我認爲跟裝潢一樣，如果找的木工覺得做事不錯，人也誠懇，那麼他介紹的油漆工、水電師傅也會不錯，既然如此，就請寬和介紹合作過有經驗的營造廠，的確後來在工程期間碰到問題時，都能盡力克服。」

壯圍地下水位高，此塊基地又因爲臨出海口地勢較爲低窪，開挖過程遇到一些困難，加上宜蘭雨季長，臨太平洋有颱風時首當其衝，鷹架模板被吹得亂七八糟，在在提高了工程難度，興建過程也比預期久。幸而在工程幾個不同階段，劉崇聖都把等比例模型做給陳先生看並仔細解說，陳先生也親力親爲，每日到工地監造。「模型比平面圖或 3D 圖更有感覺，成品與模型的空間感非常趨近，讓我們更容易理解整棟建築的狀況。」

結構成就大片窗景

當旅客抵達無待，眼前刻意壓低的一樓，是克服低窪地勢易淹水的選擇，同時也爲建築限高 14 米的限制爭取了樓上空間。脫鞋後腳底觸碰宜蘭當地石材做出的洗石子地面，沿著灰色的牆壁樓梯往上進到二樓後眼睛一亮，稻海與蘭陽溪景色映入眼簾，開始了透過望遠鏡探索的起點。

第一次來的客人莫不爲此美景紛紛發出讚嘆，伴著陳先生的導引介紹，旅客拍照的手也沒放下過。二樓餐廳是旅客吃早餐的地方，透過玻璃天花往上看見三四樓挑高空間裡的大片書牆，就如同望遠鏡上下觀看，這個空間也隔開東西兩側客房關門後的隱私。

西側看山景的客房，設計成垂直房型，框住大片景色，室內使用旋轉梯及樓梯不僅是小朋友最愛，也是情侶點名指定的房間。東側看海的客房則是水平房型，將無邊際水景迎入室內。建造時結構特意使用剪力牆與反樑系統，爲的就是當兩側客房都把房門打開時，視線可以完整穿透，原本各自存在的空間化而爲一，這才是包棟住宿的眞諦。

6. 有旋轉梯的房型是情侶最愛。

7. 看山景的客房，設計成垂直房型，框住大片景色。

8. 每個房間都有陽台座椅，讓旅客靜靜欣賞自然美景。

9. 無待希望旅客來到這裡，可以享受到徹底寧靜放鬆的休息，因此在空間的氛圍上也朝此目的規劃。

10. 透過天窗引進光線照亮閱讀區與二樓餐廳。

11. 如果選對日子，可以透過牆上小窗看見月升景色。

Q1 無待看起來像是望遠鏡，設計結構上的巧思爲何？

A 這裡有宜蘭最漂亮的元素，有田有山有蘭陽溪，從 1 月到 12 月都是不同狀態，設計初始就決定配合自然景色來調整空間的狀態。爲了呈現這些地景，透過剪力牆與反樑結構讓房子沒有樑柱，來讓窗景沒有阻擋。這裡地質較軟，房子有點重，外觀看到依附在牆壁的小盒子其實是客房的衛浴空間，利用了剪力牆外掛乾式輕構造系統的工法來減輕建築重量。

側的房間休息，爸爸們可以在二樓餐廳喝酒聊天，隨時透過玻璃天花往上確認家人狀態。

Q2 如何利用格局設計客房的舒適度？

A 前面有蘭陽溪堤防又有樓高 14 米的限制，刻意把一樓壓低，二樓作爲餐廳廚房的公共空間，房間放在三四樓兩側，靠海那一面則用牆體擋風。中間的垂直空間除了引進光線，讓兩側房間保有隱私，當所有客房的門都打開也能變成前後穿透的視野，不管是三代同堂或朋友聚會都非常適合，小孩可以在垂直房型探索，媽媽躲在另一

DESIGNER

劉崇聖建築師、陳彥昇設計師／寬和建築師事務所
03-9329063 ／宜蘭縣宜蘭市國榮路 14 號
harmony.arch@msa.hinet.net
www.harmony-arch.com

CASE
STUDY
18

養老宅
新居宅
度假宅
民宿

座落地點／苗栗縣

重建自有土地，
在馬那邦山上環抱雲海、招待旅人

921 地震之後，蔣先生的外婆家嚴重損壞，從那時起，外婆一家人便住在工寮改造的鐵皮屋中。為了重建也為了減輕媽媽的負擔，決定蓋一棟房子當作民宿也作為自住使用。原本在台北任職平面設計的蔣先生因而辭掉工作，回到原鄉的馬那邦山，接手開創新的人生事業。

文__蔡竺玲　攝影__葉勇宏　圖片提供__竹工凡木研究室

Data

屋主	蔣先生夫妻、長輩、狗 X1
基地狀況	山坡地
土地總面積	603 坪
房屋建地面積	60 坪
樓層總坪數	148 坪
建材	鋼筋混凝土、水泥粉光、紅磚、鐵件、強化玻璃、木地板
結構	RC
建造耗時	1 年 5 個月
完工日	2014 年 1 月

Cost

建築工程	NT. 631 萬元
給排水機電工程	NT. 120 萬元
裝潢工程（含傢具）	NT. 110 萬元
景觀家飾	NT. 70 萬元
雜項費用（含水保申請、整地）	NT. 140 萬元
總價	NT. 1,071 萬元

攝影：吳勇宏

921 地震後，蔣先生的苗栗外婆家不堪再住，全家人擠在工寮中，再加上有許多朋友喜歡來爬山採果，於是決定蓋一棟房子，不但能夠自住，也可以招待朋友和家人，偶爾也可當作民宿。蔣先生說：「自己的土地，更該永續經營。」由於家中長輩健康的因素，蔣先生毅然決然辭掉在台北的工作，回鄉全權接手蓋房。

1. 沿著坡地開闢出〈字型步道，也是黃金獵犬咩咩最喜歡散步的地方。沿著步道一路種植台灣原生種的圓柏、紫檀、梭羅木，藉由原生植物維護當地的自然景觀。

2. 周遭開闊出壯闊的梯田景觀，而庭園設計以此為發想，保有土地的原始坡度，層層如梯，與梯田相呼應。沿著戶外長廊進入室內，這道長廊拉長了整體建築的視覺，也讓旅客進入時有著緩步回家的感受。

3. 客廳、餐廳合併的無隔間設計拓寬了空間尺度。餐廳牆面則是蔣先生親手繪製的畫作，繽紛的用色成為空間的矚目焦點，而畫內融入了自身的信仰，期望塑造出信仰的聚會中心空間。

簡單，就是最美的建築樣貌

猶記得第一次造訪蔣先生位於馬那邦山上的民宿，那是向晚三月天，夜色漸濃，純灰的水泥建築隱入夜色，若不是有事先做過功課，還真怕錯過了。這棟建築外觀如此低調素樸，蔣先生說：「我希望我的房子能與自然環境協調融合。」喜愛自然的蔣先生，在最初設計時就決定以這座山爲主角，冬時李花綻放、秋日楓紅遍佈，四季皆綻放自然的生命力，建築不應特別突出。因此，以當地師傅最熟悉的 RC 工法打造單純的三層樓水泥建築，不刻意修飾的外觀，呈現原始的水泥原色，讓屬於後退色系的無彩度灰色建築，隱於一片山林綠意之中。

在這個以後龍溪孕育的馬那邦山山凹處，冬春之際水氣沿溪流順勢而上，形成雲霧瀰漫的情景，也成爲種植草莓的絕佳環境，山上農家代代開闢梯田爲生。而同樣受這片梯田孕育成長的蔣先生，庭園設計上犧牲大面積觀景平台的做法，改以層層爲梯，與周遭的梯田景觀呼應協調，並沿著く字型蜿蜒的石板步道，一路移植台灣原生種的樹苗。「這樣一來，放眼望去的景致才能與這座山和諧一致，而且原生種的樹苗也不破壞當地的生態景觀。」

融入童趣、藝術性，爲空間注入靈魂

爲了實踐夢想中的房子，即便請了建築師設計，蔣先生也親自畫設計圖、點工叫料全都自己來，甚至在工地搭帳棚，只爲在有新的想法出現時，隨時在現場模擬丈量。也是因爲日夜都待在這裡，四季溫度的變化、日照光影的角度全都瞭若指掌，也讓他在和建築師溝通時，解決氣候對建築的影響。蔣先生指著一樓大廳後牆，「西曬的角度，最遠可以曬到那裡。」

由於房屋坐向的關係，面西景色最佳，卻又必定會有西曬進入，因此面西的臥房加寬陽台寬度，房間向內縮，減少日照量；面南的房間，陽光煦煦、日照溫度不高，犧牲部分房間坪數，拓寬陽台，擺上躺椅、木簾，創造夏日午後的悠閒時光。房間內部刻意裸露的紅磚牆和未經修飾的水泥陽台，猶如回到兒時記憶中的老房子那樣令人懷念。三層樓高的天井貫串全屋，自然天光灑落，室內採光明亮而充足。樓梯沿著天井而設，房間也隨天井配置，形成環繞式的生活動線，讓天井成爲整體建築的動線軸心。

原本從事平面設計的蔣先生說：「藝術性和童趣，也是我在蓋房子時想要融入的概念。」他和朋友合力，親自在一樓的餐廳壁面作畫，鮮豔明快的畫作成爲空間中矚目的焦點，賦予空間更多的藝術性。而同時特別讓 2 樓的一間臥房入口立於陽台處，動線由內走向外，也由外向內；內部的陽台也採用雙入口，形成環繞的回字動線。蔣先生笑說：「小朋友不是都喜歡繞著跑嗎，我希望可以創造這樣充滿童趣的生活場景。」

在這被山林環繞的房子，城市的塵囂獨立於外，自然質樸的靜謐氛圍，似乎讓時間慢了下來。採訪末了，蔣先生和太太靜靜坐在吧檯旁的桌子，與窗外的遼闊山景相伴，那閒適的生活姿態，不正是人生所追求那微小而確切的幸福。

4. 建築中央開闢天井，迎入自然採光，同時也拉高空間的尺度。壁面採取通透的落地窗，隨著樓梯環繞而上時，隨之展現不同的轉角風景。

5. 原先封閉的 2 樓地面在決定另闢天井時，卻在切割過程出了差錯，多割了約一道牆的寬度。蔣先生利用鐵網與地面密合，延伸至鐵件扶手，使之融為一體。而這美麗的錯誤，也讓整體視覺更加一致。

攝影＿葉勇宏

攝影＿葉勇宏

6. 一入門，便能看見大面窗景和開闊的空間，牆面刻意漆上深淺不同的綠，並以一道紅色作為室內的中心，空間更有層次。「不論是在室內外都能擁有自然綠意。」這是蔣先生用色的初衷。

7. 建築拆板模後，不做天花僅上漆色，裸露的管線依樑而走。鏤空的樓梯和木格柵，讓中央的天井空間更為開闊。

8. 屋主表示住進來之後，才感覺自己真正在生活，生活與四季同步，從呼吸的空氣就能察覺季節的變化。

Q1 在山坡地蓋房，最需要注意什麼呢？

A 在山坡地蓋房子，首要重視水土保持需先做好，同時爲了避免土石滑落造成危險，排水線的規劃和擋土牆的設計都需經過縝密的思量。而由於基地較爲狹長，若另外再做擋土牆，則建築的面積會更爲縮減，因此採用擋土牆與主建築合併，在牆內加強植筋的結構，不僅達到讓整體線條簡約，也解決基地寬度不足的問題。

Q2 這棟房子設計有天井，而一般人最怕因爲太陽直射而導致室內過熱，在設計上要如何解決呢？

A 築內開天井，增加了採光，熱氣亦容易隨之積聚。爲了解決這問題，天井上方的採光罩兩側增設通風孔，再加上房間環繞天井配置，臥房的門都面向天井，並在門上留出通風口，利用熱對流的原理，使得氣流從房內帶出往天井流動，形成通風對流帶走室內熱氣，有效降溫，所以夏天也不悶熱。

有豐富的地理環境。爲了讓生活在這裡的人，能夠更加親近自然，在房屋的前後側皆採取大面窗的方式，引入戶外美景，同時在後方留出一扇小門，以供未來屋主想做出通往後山的小徑，使整體動線由庭園走向內，又能從內而外進入山林當中。

Q3 房子前後兩側都有開大面落地窗，當初爲何會如此考量呢？

A 這建築基地正好是在坐東南朝西北的方向，前方面向馬那邦山的山凹處，景色最佳；而後方又盤據雪山和中央山脈，周遭

DESIGNER

邵唯晏／竹工凡木設計研究室
02-2836-3712／台北市士林區德行東路 109 巷 64
弄 8 號 4 樓
chusdco@chusdco.com

座落地點／南投日月潭

波光粼粼、綠草如茵，
以愛，蓋一棟民宿兼團聚宅

屋主為小葉的母親。家族成員有小葉、小葉的父親、母親、妹妹、妹婿，與小葉的老婆還有甫出生的孩子等 8 人。平時因各自工作關係分別居住在北部及中部等地，此處僅為全家人度假團聚之所，但同時也作為一棟民宿使用。

文＿張素靜　攝影＿賴建興　圖片提供＿吳語設計

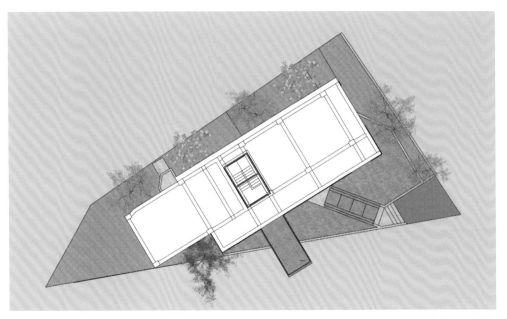

Data	
屋主	小葉一家人，共 20 人
基地狀況	建築用地
土地總面積	155.5 坪
樓層總坪數	200 坪
格局	9 房 2 廳 1 廚房 11 浴廁
建材	建築內外牆／清水混凝土外飾、盆膠泥拉毛、水泥粉光地坪、鋼構梯、竹節鋼筋、灰鋼砂烤漆鋁材、雷雕黑鐵板、放射松二級結構角材、夾板 景觀／清水混凝土、南方松、H 鋼構、鐵件
建造耗時	1 年 5 個月
完工日	2015 年 2 月

Cost	
建築工程	NT. 1,200 萬元
給排水機電工程	NT. 250 萬元
景觀工程	NT. 80 萬元
裝潢工程	NT. 770 萬元
土地總額	0（自有）
總價	NT. 2,300 萬元

　　小葉的外公因罹患糖尿病而病變截肢，家人希望能返鄉就近照顧外公，因而想將外公居住的鐵皮屋旁區域，規劃建造能容納一大家子的獨立家屋，並取名爲「One house」。外公雖然於完工前過世，但卻不影響全家人當初籌備建造 One house 的心，希望能以此處做爲聚集所有家庭成員的地方。

圓一個夢想，打造屬於心中的幸福家園

　　一場如電影劇情般的邂逅，打開了完成 One house 的機緣。2013 年某天晚上，研究所剛畢業的葉先生（以下稱爲小葉），闖入當時尚在建築雛型、並未開放的台中國立美術館「動畫飛行館」，也因此開啓了與當時主持建築師吳一志的緣分。

　　原來小葉一直以來就懷著自力造屋的夢想，當時被吳一志設計的「動畫飛行館」吸引，誤闖工地欣賞而經舉報，被帶進了派出所。但也因爲這事件，讓小葉與吳一志建築師有了第一次認識。

　　小葉畢業後，一直沒忘記當初想要蓋房子的願望，加上小葉的外公長期受到糖尿病所苦，出於孝心，小葉想將家人攏聚起來，共同陪伴外公，而想打造一間住家與民宿共存的家屋，希望能一邊經營民宿，一邊就近照顧年邁的家人。於是連絡上了吳一志，尋求協助。也因爲吳一志與小葉先前認識的因素，對小葉的家人與造屋需求瞭若指掌，設計出完全符合小葉一家人的建築空間。

　　但在建築幾近完工之際，外公不敵病魔侵害而過世，當時爲了行動不便的外公設計了無障礙空間，爲了小葉與家人而設計的隱密住家空間，在完工後的 One house 處處可見。對於小葉來說，完工後的 One house 與當初規劃時最大的不同，就是外公已經不在了，但他希望將這份想照顧外公的心延續下去，把這份心意留給來往的旅客們。目前保留當初外公及家人自用的房間外，其餘房間皆以民宿使用。

　　在 One house 的空間裡面，小葉與父親最喜歡位於住家與民宿中間的戶外平台區域。這個地方可以仰望日月潭山嵐，俯瞰日月潭的鄉村風情，偶爾沏上一壺茶或泡一壺咖啡，不只是旅客們可以享用這自然景色，連小葉一家人也能在此讓心靈沉澱。

　　而小葉的母親，也就是 One house 的屋主，最喜歡的空間就在民宿的大廳外，那面像是與世隔絕但卻不壓迫的景觀牆。這面牆連結二樓客房的樓中樓陽台，但在一樓處剛好與外圍的馬路隔閡，不會看到車來人往的雜亂現象。其實這是建築師的巧思，希望來到 One house 的旅客，可以擁有自己的空間、不受打擾。

1. One house 的夜間景觀別有一番風貌。

2. 因山坡地區前方土地微傾，建築師因應此區地形的高低落差，特別將前方架高 1.8 公尺設計成淺水池，引進山泉水的循環系統調節環境溫度。

3. 戶外水池在各種植栽錯落有致襯托下顯得綠意盎然，成為 One house 最美好的風景。

信任就能帶來不一樣的設計

吳一志的巧思不只一項，除了運用清水混凝土來達到質樸的效果，階梯兩側水池不斷溢流的山泉水，也能達到微型氣候的調節效能。這個水池，為 One house 增添不少獨特面貌。波光水影倒映在建築表面上，有時投射在門口；有時投射在樓梯間，也成為 One house 帶給人的第一印象。

走進大廳，宛如咖啡廳的設計空間，讓人想在這邊待上一整天。吳一志表示，這座建築中共有 6 座樓梯，設置於戶外的輕型階梯既是配角也是主角，除了讓客人能夠自由進出、獲得更多的自在外，樓梯特別選用 RC 板及鋼板梯階成型的設計及取代一般用石材包覆鋼筋的作法，輕盈而堅固的外觀加深景觀印象。

精心設計的獨享空間

One house 當初在建造時，面臨不少難關。由於地處山坡地，依照當時的山坡地保育區建築線退縮規定，可供實際建築的基地面積，變得更為狹隘、畸零不全。而吳一志建築師不死心地多次與政府機關溝通，好不容易得到許可，甚至延伸出山坡地免退縮辦法條例出來，讓 One house 得以成形。

建築師也為了葉家，打造一個民宿與住家共存 One house，互相不干擾的獨享空間。大廳那一端以提供旅客住宿為主，由外圍的樓梯進入到室內，室內的大落地窗讓人彷彿身處大自然之中。蟲鳴、蛙叫、鳥啼，在寂靜的夜晚就像大自然的催眠曲般，傾聽入睡。

One house 於 2015 年完工，在半開放的空間裡面，民宿以全面的落地窗設計，迎接旅客；住家以隱密性為重，開口較小、但空間順應使用者而設計，對小葉一家人來說，能將住家與民宿共存，是最貼近他們的需求與生活的獨特空間。

4. One house 坐東朝西，建築背面易有西晒，除了
   加裝窗簾外，落地窗上方刻意保留 60 公分讓光
   線依然能引進室內空間，卻不引進熱度。

5. 屋頂上的反樑設計，可增添爾後整體的使用多
   樣性，也能讓小葉坐在樑上觀賞山嵐美景。

6. 以清水混凝土為基底，保留建築物的原始風貌，
   也讓牆面的鐵件設計更加簡約樸實。

7. 因應山坡地的條件限制，建築師當初規劃時遇到不少難關，也衍生出無數順應環境的工法。

8. 宛如設計公司的起居空間，是民宿也是最幸福的家屋。

Q1 「One house」的原始基地條件如何？基地的配置上要如何突破困難？

A 「One house」位於魚池鄉「日月潭國家風景區」內的中明村，全鄉均屬山坡地保育區，而本基地是丙種建築用地。由於基地呈現不規則的類三角形，加上山坡地諸多法規條件限制，所以在基地的配置上，是有比一般更多的思考。我們試圖營造一個開放、通透、友善的空間場域，所以將建築作長型的配置來順應基地。並參照坡地的原始地形，將法定 40% 建蔽率以外的空地，均作為水池與綠地，也藉此鋪陳出空間的層次與秩序，讓不規則的突兀基地完全融入地景，整體建築景觀無違和感。

角材及夾板，得以重見天日，用建築的真實獲致生命的自在。

Q2 設計「One house」的考量有哪些？

A (1) 情感面：為這一塊承擔世代情感的土地，找到一個適所的安排與出口。

(2) 生活面：形塑嶄新的生活樣貌，透過實際生活的方式及旅客的真實體驗，進而傳遞一種新的生活態度。

(3) 環境面：善加驅避外在的物理性環境，營造屬於「One house」的微型氣候。

(4) 構築面：回歸建築的本質，讓原本總是被包覆在光鮮亮麗皮層下的混凝土、鋼筋、水泥、

DESIGNER

吳一志／吳語建築・空間設計
台中市霧峰區復興路二段 264 號
fb/ 吳語設計／ handw-sign@hotmail.com

CASE
STUDY
20
養老宅
新居宅
度假宅
民宿

座落地點／台東縣成功鎮

在太平洋畔蓋房開民宿，
將放慢腳步的悠閒分享出去

放下科技軟體業的高薪生活，David 選擇來到台東過自然簡樸的生活，將這片高達 6 分的山坡地一分為二，蓋自己的房子，也規劃一間民宿，期待將當地的自然和悠閒分享給更多的人。

文＿鍾侑玲　攝影＿王正毅　圖片提供＿雨耕聯合設計顧問有限公司

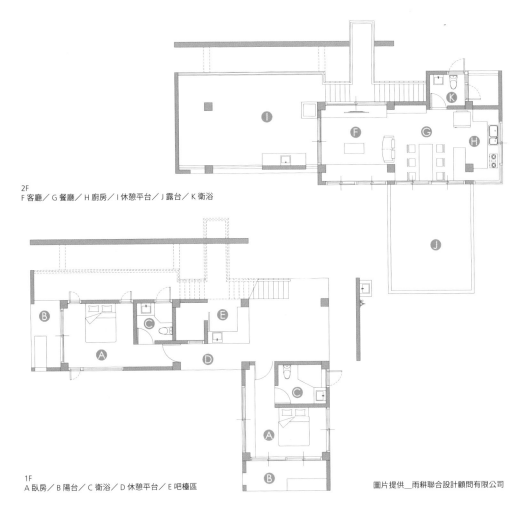

2F
F 客廳／G 餐廳／H 廚房／I 休憩平台／J 露台／K 衛浴

1F
A 臥房／B 陽台／C 衛浴／D 休憩平台／E 吧檯區

圖片提供__雨耕聯合設計顧問有限公司

Data

屋主	劉先生
基地狀況	農地
土地總面積	1,815 坪（含前方的自宅用地）
房屋建地面積	約 25 坪
樓層總坪數	約 58 坪
格局	1F ／臥室 X2、衛浴 X2、吧檯區 2F ／客廳、餐廳、廚房、休憩平台、衛浴、露台
建材	混凝土、復古地磚、紅磚、防水塗料、磨石子、馬賽克磚、南方松、系統櫃、系統廚具
結構	RC 鋼筋混凝土
建造耗時	1 年 6 個月
完工日	2012 年 6 月

Cost

建築工程	NT. 450 萬元
景觀工程	NT. 30 萬元
家電設備	NT. 30 萬元
系統廚具＋櫃體	NT. 16 萬元
傢具傢飾	NT. 30 萬元
土地總額	約 NT. 125 萬元（僅民宿區）
總價	NT.681 萬元

　　因為採訪的關係，在闊別十多年後，我再次踏上台東的土地。只見藍得幾乎溢出水的晴空下，一望無際的太平洋與翠綠的青山相映，心情霎時都好了起來，這個質樸的城市，仍是那麼令人放鬆，漸漸地，可以理解近年來為什麼有這許多人，選擇移居台東，或在此地置產的原因了。

第一眼，就看中這塊山坡地

　　愛上台東，David 說，這已經是 20 多年前的事了。

　　1991 年，因為當兵的緣故，讓身為台北人的他第一次來到台東，並逐漸喜歡上這個地方山海環繞的自然景觀和自在放鬆的生活氛圍，開始有了來此定居的念頭。原先只是單純的養老計畫，卻在自己具有一定經濟基礎後，他突然有了買一塊地，自己蓋房子的想法。

　　到了 2003 年的 11 月，年僅 33 歲的他，首次嘗試和仲介約好時間，親自前往台東看地，生平第一次看地，看的就是這塊地，他提到：「這一塊地，是我這輩子第一次約仲介帶看的，感覺很新奇。仲介接到我的邀約後，為了不讓我一趟就只看那麼一塊，所以在討論後，也順便帶看了

1. 鋼筋混凝土打造簡樸的建築外型，中央特別留下一方型區塊，讓屋主依照喜好隨時變換顏色，形成一個視覺焦點，也展現主人個性。

2. 因山坡地區前方土地微傾，建築師因應此區地形的高低落差，特別將前方架高 1.8 公尺設計成淺水池，引進山泉水的循環系統調節環境溫度。

3. 利用錯落的牆面和室內外區域配置，增添空間的層次性和趣味性。

其它 5 塊土地。雖然現在回想起來覺得沒什麼特別，但當時我還年輕，跟著仲介從台 9 線一路看到台 11 線的那種感覺，還蠻讓人印象深刻的。」

帶看後的 2 個星期，David 還是決定買下自己第一眼看到照片就很喜歡的這塊農地，他提到：「老實說，我算是主觀選上這塊地的，當初也沒有考慮太多，像是醫療、交通之類的。但就算現在，我都還覺得自己很幸運，有時候覺得不僅是人在找地，我認為其實地也是在找人的……」這塊地前方能眺望遠處的太平洋，後方則是蒼翠的小馬和平山，山海環繞，視野絕佳，卻不似近海區有嚴重的鹽害問題。由於早期地價尚未飆漲，當時 1 分地只要多 50 萬元，即使一口氣買了 6 分，也仍在可支付的範圍內。

簽約後，他再一次來到這塊已經屬於自己的農地，從地上挖了一把土，帶上火車一路回到台北，雖然那包土壤早已混在台北的盆栽中分辨不清，但當時心中的那份踏實感，卻至今仍無法忘懷。

開民宿，是分享，也為了交朋友

買下這塊山坡地後，David 首先將它重整成一高一低的兩塊平地，前方做為自家用地，後方的高地則進行民宿規畫。

提到蓋房子，他笑說，自家的房子其實就是自己畫設計圖，再請營造商幫忙建造的。但畢竟自己並非專業，在細節的處理、與廠商的溝通……等，不免產生許多問題，甚至因為偷工減料將馬達和燈光的電線通通拉在一起，導致現在一抽水，室內燈光就會跟著閃爍不定，若要調整，又是一筆可觀的費用。

有了前一次經驗，在進行民宿規劃時，他決定透過專業設計團隊進行整體設計繪圖，花費更多的時間和預算在把建築的前製作業做好，以避免事後出問題的工程糾紛或追加費用。比較 3 家設計團隊之後，他選擇交由雨耕聯合設計公司幫忙設計圖面。

開民宿的目的，是希望能分享當地休閒和放鬆給更多人，不鎖定一般旅行觀光客，David 的民宿更像一個家，除了 2 間簡單的臥房，還有完整的客廳、餐廳、廚房，提供各類杯盤和烹飪器具等，讓來訪的朋友能夠一次就住上好幾天，真正停下腳步，感受這個地方的生活氛圍。

規劃上，把起居空間拉上二樓，讓它擁有最好的視野；同時，縮小室內面積改以 3 處半戶外區域替代，炙人的陽光照不進來，只剩山間、海上吹來習習涼風，讓生活好不舒適，即使中午也能待在外頭看看山海，休息一下。

2012 年 6 月，David 正式辭掉科技軟體公司的工作，將生活重心完全移轉到台東。未來會是什麼樣子？他沒有明確答案。但想在這片自己深深喜歡的土地上，經營一間不一樣的民宿，再種種自己喜歡的農作，沒有太多虛榮的要求，生活簡單、樸實，反而有著難以言喻的自在和快樂。

4. 將前方的臥房凸出建築主體延伸至前方的木平台，做為戶外休憩區，也形成一個凹折，增加內庭的隱蔽性。

5. 在兩個房間偷一個空，規劃簡單的半戶外吧檯，方便隨時使用。

6. 牆面錯落規劃了幾個大小不一的開孔，一格就像一個畫框，能擺上自我蒐藏做裝飾，即使什麼都不做，也別有趣味。

7. 庭院有一口水井，下方規劃一座蓄水池，將雨水回收儲存再利用。

8. 在二樓的半戶外區域，簡單擺上兩張躺椅，能輕鬆觀賞遠處海景，或吹吹風、小睡片刻都很合適。

9. 房間延續建築外觀低調原始的水泥質感,只挑選一面牆打上明亮鵝黃色,作為空間的主牆面。

10. 二樓的半戶外空間視野絕佳,因為安全考量將欄杆皆綁上繩網做防護。

11. 利用一道室外梯連結上下空間,中央有一座天橋橫出,將主建築和後方牆面銜接起來。

12. 在客房屋頂作一凹槽設計,鋪上一層約 10 公分厚的卵石,能有效阻隔上方熱度進入室內,也是一種景觀造型。

Q1 一般自宅和民宿的規劃上，會有甚麼不一樣？

A 民宅屬於私人的生活空間，仍是比較講究居家私密性和內部空間的設計，但在民宿的規劃上，David 卻希望可以有更多戶外空間。將室內和室外的比例拿捏在 60% 實、40% 虛，在建築上下層規劃多處半戶外的休息區，採取「量體堆疊、牆體托出」的手法，作為虛實空間主要搭配概念，有效增加半戶外空間的面積。

Q2 雖然規劃有很多休閒的半戶外空間，卻又希望同時兼顧隱私該怎麼做？

A 從牆面規劃著手思考，把實體的牆面自建築的主體脫開，對外，仍能達到遮蔽效果；對內，既不影響空氣對流，也放大了室內和戶外間，半戶外停留區域的空間大小，並藉此隱藏水電管線於其中，以提供戶外用水。當陽光、雨水自上方滲入，落在地面形成豐富的光影變化，就能創造自然而舒適的休憩空間。

Q3 將睡眠空間放在一樓，起居空間調上二樓的主要目的是？

A 考慮景觀視野和各空間的使用機能和時間，建築師和 David 討論後，一致決定將日常最常使用的起居空間規劃在二樓，讓它能夠擁有最佳的視野，而簡單小巧的臥房，則分別規劃在一樓的兩側，各自利用幾道不同面向的開窗設計，讓空氣保持流通，帶來涼爽感受，而其外側仍結合建築結構規劃一道長凳，提供日常輕鬆的發呆、吹風使用。

Q4 一樓前端臥房的屋頂為什麼特別鋪滿卵石，這類規劃需要注意些什麼？

A 雖然農地靠山很近，下午 3、4 點太陽就會被山擋住，西曬問題並不嚴重，但東臺灣的烈日炎炎，日光照射屋頂一整天傳下來的熱度，仍很可觀。為了避免日照的溫度影響室內涼爽感受，將屋頂做凹槽設計，再鋪上約 10 公分厚的白色卵石（石頭建議至少約有拳頭大小），能有效阻隔上方熱度進入室內，較之特殊隔熱建材或增加天花水泥厚度，預算更低，也呼應四周環境、建材元素。規劃上，因為石頭層不厚，基本不需擔心承重問題，只要注意在屋頂粉光階段抓好洩水坡度，並將天溝或落水頭做高角設計，大致就可以了。

Q5 最早的自宅是自己畫設計圖，再請營造商幫忙建造的，但這次卻選擇尋找專業設計團隊做規劃的原因是？

A 過去雖然曾自行繪圖設計房子，但畢竟本身並非專業，雖然房子如願完成，但在細節的處理、與廠商的溝通……等，不免仍有許多問題存在，有時甚至影響了居住的質感。權衡下，David 決定透過專業設計團隊進行民宿的整體設計繪圖，雖然可能花費更多的時間和預算，但把建築的前製作業做好後，也能有效避免事後的工程糾紛或追加費用產生。

DESIGNER

陸俊元、林湘苹／雨耕聯合設計顧問有限公司
089-236-132 ／台東縣台東市中興路一段 396 巷 6 號
FB/ 雨耕聯合設計顧問有限公司
lukeluke1106@hotmail.com ／ amasstudio@gmail.com

蓋自己的房子 11

蓋自己的房子這樣做
養老、回鄉、度假、民宿：100個買地蓋屋疑難全解

作者	漂亮家居編輯部
責任編輯	黃敬翔
文字編輯	田瑜萍、賴姿穎、Cheng、Evan、鍾侑玲、 陳佳歆、蔡竺玲、余佩樺、洪翠蓮、李佳芳、 劉芳婷、楊宜倩、張素靜
封面 & 版型設計	莊佳芳
美術設計	莊佳芳
編輯助理	黃以琳
活動企劃	嚴惠璘
發行人	何飛鵬
總經理	李淑霞
社長	林孟葦
總編輯	張麗寶
副總編輯	楊宜倩
叢書主編	許嘉芬
出版	城邦文化事業股份有限公司 麥浩斯出版
E-mail	cs@myhomelife.com.tw
地址	104 台北市民生東路二段 141 號 8 樓
電話	02-2500-7578
發行	英屬蓋曼群島商家庭傳媒股份有限公司城邦分公司
地址	104 台北市民生東路二段 141 號 2 樓
讀者服務電話	0800-020-299 （週一至週五上午 09:30 ～ 12:00；下午 13:30 ～ 17:00）
讀者服務傳真	02-2517-0999
讀者服務信箱	service@cite.com.tw
劃撥帳號	1983-3516
劃撥戶名	英屬蓋曼群島商家庭傳媒股份有限公司城邦分公司
香港發行	城邦（香港）出版集團有限公司
地址	香港灣仔駱克道 193 號東超商業中心 1 樓
電話	852-2508-6231
傳真	852-2578-9337
馬新發行	城邦（馬新）出版集團 Cite(M) Sdn.Bhd.
地址	41, Jalan Radin Anum, Bandar Baru Sri Petaling,57000 Kuala Lumpur, Malaysia
電話	603-9057-8822
傳真	603-9057-6622
總經銷	聯合發行股份有限公司
電話	02-2917-8022
傳真	02-2915-6275
製版印刷	凱林彩印股份有限公司
版次	2022 年 04 月初版一刷
定價	新台幣 599 元
Printed in Taiwan	著作權所有・翻印必究 (缺頁或破損請寄回更換)

國家圖書館出版品預行編目資料

蓋自己的房子這樣做 養老、回鄉、度假、民宿：
100 個買地蓋屋疑難全解 . -- 初版 . -- 臺北市：城邦
文化事業股份有限公司麥浩斯出版：英屬蓋曼群島商
家庭傳媒股份有限公司城邦分公司發行 , 2022.04
　面；　公分 . -- (蓋自己的房子；11)
ISBN 978-986-408-793-8(平裝)

1.CST: 房屋建築 2.CST: 室內設計

441.52　　　　　　　　　　　　　　　111002668